拙诚之道

中国传统文化智慧点滴

庞剑锋 著

西苑出版社

不学，民斯为下矣。”我们绝大部分人不是生而知之者，需要学习。向谁学？这虽是一个见仁见智的问题，但我赞同剑锋的看法：应该向建功立业的先贤学，因为他们的经验教训是经过历史检验的。这本书所评述的观点，都来自曾国藩和王阳明两位先贤。他们两位的军事功勋在中国历史上都可谓罕有其匹。在学术上，王阳明开创了心学；而曾国藩的思想，被后人归纳为“拙和”。按照剑锋的理解，王阳明和曾国藩的思想合起来，可以归纳为“拙诚”。曾国藩和王阳明在成就不世之功的过程中所经历的逆境和顺遂，远远超过我们普通人能够经历甚至想象的范围，所以，他们的思想当然值得我们后人认真体会。再加上书中评论的曾国藩的许多观点来自他的家书，很多都是“掏心窝子”的实在话，比起那种只言“其然”的奏章、文章来，家书更是详细交代了“所以然”，所以更加珍贵。

当然，阅历不同的人会从这些经验教训中体会到不同的东西。与我这个整天纸上谈兵的研究者相比，剑锋作为投资战场上运筹帷幄者的体会，肯定来得更为深刻和独到。这就涉及本书中剑锋花了很大功夫讨论的“格物致知”到底是什么意思的话题。陆游有诗云：“纸上得来终觉浅，绝知此事要躬行。”我觉得，阅读别人的作品能够增长知识，但这些纸上的知识到底适用于何种情形，到底能否被合理地加以运用，其实还是未知数。所以，正如剑锋在书中引用的王阳明的观点那样，人须在事上磨，方立得住。

与古代社会大部分人没有机会接受教育的情形相比，当代社会的人用不着像古人那样通过格物而致勾股定理和微积分之知，而往往走着这样的成长捷径：在学校接受教育，学基本知识；然后投身实践，验证知识，再发现新知识。但是通过该捷径获得的知识体系，其实有短板，即书本和学校里没有教人许多默会知识或社会交往知识。

如果说勾股定理和微积分这类知识对于各代人都是永恒不变的话，那么，曾国藩和王阳明在他们的时代摸爬滚打总结出来的经验教训，该如何用来弥补当代人的知识短板，就大有讲究。剑锋这本书的价值就在于，结合当代社会的情形、结合投资和企业管理的实践经验等，对曾国藩和王阳明的思想做了新阐释，可有效地弥补当代人在学校学不到的社会交往、道德涵养、做人做事的知识短板。仔细体会这些阐释大有裨益。当然，读者不应该（事实上也无法）机械地套用这些阐释，还是要融会贯通，具体问题具体分析。

躬行致真知，躬行致新知！随着阅历的进一步积累，剑锋一定会对生活有更多体会，对这本书中曾国藩和王阳明的观点，也会有更多、更深的新体会。我们期待他在未来能够继续分享他的新体会。

刘培林

国务院发展研究中心研究员

— 目录 —

CONTENTS

第二章 择师交友

第三章
事功为政

第四章 知人善任

第五章 齐家安居

第一章 问道治学

一曰看生书宜求速，不多读则太陋。一曰温旧书宜求熟，不背诵则易忘。一曰习字宜有恒，不善写则如身之无衣，山之无木。一曰作文宜苦思，不善作则如人之哑不能言，马之跛不能行。

有识则知学问无尽

有志则断不甘为下流；有识则知学问无尽，不敢以一得自足，如河伯之观海，如井蛙之窥天，皆无识者也；有恒则断无不成之事。

出自道光二十二年十二月二十日的曾国藩家书。这一年，曾国藩在京城结识了很多有学之士，长了见识，这会儿正在教弟弟如何读书呢！曾国藩说，读书需要从三个方面入手，即有志、有识、有恒。有志、有恒，这两点弟弟们都能马上做到，唯独有识不能马上做到。一个有见识的人见过很多世面，不会有点心得、有点体会就沾沾自喜。河伯不知道海有多大，井底之蛙不知道天有多大，都是缺乏见识。

正如曾国藩所言，能做到有志的人不少，但能同时有恒的人就不多了，而还能做到有识的人就少之又少了。不仅读书如此，很多事情都是如此。才华的最大敌人是自满。在这一年十一月十六日的日记中，曾国藩这样自责："读书少，见理浅，故器小易盈。"

用一个很小的器皿装水，水容易溢出去。清代学者赵翼在《廿二史札记》卷八中写道，东晋灭亡之后，在南方的宋、齐、梁、陈几个政权中，很多身居要职的官员是寒门子弟出身，这些人“盖出身寒贱，则小器易盈，不知大体”。与这些人不同，出身寒门的曾国藩能通过自省，认识到自己器小易盈的特征，不断开阔格局，才有了后期的成就。

阁下之器有多大呢？

读书如煮饭

每日至少亦须看二十页，不必惑于在精不在多之说。今日半页，明日数页，又明日耽阁间断，或数年而不能毕一部。如煮饭然，歇火则冷，小火则不熟，须用大柴大火乃易成也。

出自咸丰六年十一月二十九日的曾国藩家书。曾国藩要求儿子曾纪泽每天多读书，一次读几十页，而不是几页。怕读得不够精细？别担心！读书就像煮饭，每天读得太少，就像用小火永远烧不开、煮不熟。多读几页，就像煮饭用大柴大火，容易熟。曾国藩还补充说，乡间有很多读书人，读了好几年都没读完一部经书，就是因为每天读的页数太少。

曾国藩这个读书的观点非常有特色。在他的家书中，曾国藩不止一次提到这个观点。我们不妨从当代脑科学的角度来理解这个观点。大脑之所以能产生记忆，必然是因为接受了一些外界的刺激。外界的刺激越强，记忆的效果越好。从这个角度来说，如果每天读的页数太少，则刺激不够强烈，难以在大脑里形成深刻的记忆。而每天多读几页，则大脑进入书中的情境，容易产生更加强烈的刺激。所以说，曾国藩说的读书方法是有科学依据的，也是他的经验之谈。

现代社会，信息噪音太多，人们的读书、工作经常被电话、微信或其他来自网络的信号中断。在这种情况下，人们不容易进入某种情境，难以产生沉浸的感觉，读书和工作的效果自然大打折扣了。有时候，集中精神思考一个问题，刚刚进入一种状态，突然微信一响，打破了大脑的宁静。所以，在适当的时候关掉手机、专心思考是非常有必要的，让思维的猛火把思考的问题煮熟、煮透！

以专而精

书虽不可不看，弟此时以营务为重，则不宜常看书。凡人为一事，以专而精，以纷而散。

出自咸丰八年正月十一日的曾国藩家书。这是他写给带兵在外的弟弟曾国荃的。得知一个朋友送给弟弟一本《二十二史》，怕弟弟看书而耽误军事，曾国藩提醒道，书不可以不看，但此时应该以军务为重，不适合经常泡在书里。但凡人做一件事，都会因为专注而精进，因为纷杂而散漫。他还引经据典，用荀子的“耳不两听而聪，目不两视而明”和庄子的“用志不纷，乃凝于神”来说明专注的重要性。

有这样一个故事。莫泊桑小时候跟随舅舅拜访著名作家福楼拜。莫泊桑非常骄傲地告诉作家自己什么都会，并一一细数学习情况：上午用两个小时读书写作，两个小时弹钢琴；下午用一个小时学习修汽车，三个小时练习踢足球；晚上去烧烤店学习制作烧鹅；星期天则去乡下种菜。然后他问福楼拜的工作情况，福楼拜说自己每天上午花四个小时读书写作，下午用四个小时读书写作，晚上还用四个小时读书写作。当福楼拜问他有什么特长时，他却一时语塞，答不上来。这时，莫泊桑才明白专心做一件事的好处，于是拜福楼拜为文学导师，一心一意读书写作，后来也成为著名作家。

总是广泛涉猎、事事兼顾或许会让莫泊桑有博学多才的假象，但其实“什么都会”的莫泊桑，正是曾国藩所说的“以纷而散”。后来他专心写作，“以专而精”，终有所作为。

如今的互联网生活，信息资源铺天盖地，选择多，机会多，但很容易让人在旋涡中三心二意，迷失自己。不管是学习还是工作，做每一件事都全神贯注、专心致志，就有很大可能取得进步。如果做着这个却想着那个，一会儿干这件事，一会儿又换另一件事，就会变得纷乱繁杂。现代网络的发展让人们习惯了碎片化式地接收信息，微博上，抖音上，各式各样的推送不断向人们轰炸，但是细想下来，我们真正接收的有用信息又有多少呢？每个人的精力有限，在某一段时间内，只能专注一项主要工作，才能够沉淀下来有所收获。

一场滂沱大雨不会让石头穿孔，而从山涧滴下来的小水滴，长年累月，一滴又一滴，专注于同一个地方，却能滴水穿石。纷散不如专精，多打洞不如深挖井。

看书如攻城略地

譬之富家居积，看书则在外贸易，获利三倍者也，读书则在家慎守，不轻花费者也；譬之兵家战争，看书则攻城略地，开拓土宇者也，读书则深沟坚垒，得地能守者也。

出自咸丰八年七月二十一日曾国藩写给儿子曾纪泽的家书。他告诉儿子，读书有四法：看、读、写、作，每日缺一不可。看《史记》《汉书》《周易》等，即阅览；读“四书”、《诗经》、李杜韩苏之诗等诗词文赋经典著作，高声朗诵或密咏恬吟才能体会其雄伟气势与深远韵味，即朗诵或者默诵。他用了三个比喻来解释“看”与“读”的关系：一是赚钱居家，看书就像在外做生意赚大钱，读书就像在家守护财产不随便花销；二是兵家战争，看书如同主动出击，攻城略地，扩展疆土，读书如同深挖壕沟，修筑坚垒，守护自己既得的疆土；三是曾国藩引用子夏的话，看书就是了解新知识，知道自己所不知道的，读书就是温习巩固，不忘记自己所学。总而

惟读书则可变化气质

人之气质，由于天生，本难改变，惟读书则可变化气质。

出自同治元年四月二十四日的曾国藩家书。在这封家书中，曾国藩首先指出儿子写字轻飘飘的，骨力不够坚韧，墨气不够丰腴饱满。然后曾国藩把这个问题的严重性夸大了一下，认为字写得不好，会导致整个人的精神气质轻浮。他还引申开来说，气质本来是天生的，难以改变，但是读书可使其变化。他甚至夸张地引用了古代相面大师的说法，即读书可以改变骨骼相貌，这简直就是在吓唬曾纪泽啊！曾纪泽也确实被吓到了，更加苦练书法，后来成了大书法家，还成了晚清著名外交家！

读书能够改变气质，也可以说思想能够改变模样。一个人经常想开心的事物，精神喜悦，脸上常带着微笑，久而久之，面部形成了肌肉记忆，相貌也自然随之发生改变。三毛说："读书多了，容颜自然改变。"另有现代作家说："读书是最简单的美容之法。"一个人幸福不幸福，看脸就知道。这些说法，都与曾国藩所说的有异曲同工之妙。许多人爱美，试图靠在脸上注射各类药物来永葆青春，却忽视了最好的美容方法是让心灵由内而外地散发芬芳和魅力。

要想气质出众，不仅要读书，还要读好书。读“坏”书既浪费时间，又容易让人心情沉郁，思想走进死胡同。久而久之，面色发苦，相貌颓废，就像总演坏人的演员，到后来容颜难免受常演的角色的影响。因此叔本华说：“坏书有如毒药，足以伤害心神。”读好书的结果呢？想想《中国诗词大会》主持人董卿的气质吧！多读正面、有用的书，形成积极的心理暗示，会让自己更帅或更漂亮，据说疗效不错，大伙儿都来试试吧！

不望代代得富贵，但愿代代有秀才

吾不望代代得富贵，但愿代代有秀才。秀才者，读书之种子也，世家之招牌也，礼义之旗帜也。

出自同治四年五月二十五日的曾国藩家书。当得知侄子曾纪瑞考上秀才，曾国藩十分高兴，表示不期望代代都能富贵，只盼望代代都能出秀才。在曾国藩心目中，读书明理是根本，富贵是在此基础上衍生的产物。知书达理的秀才是“世家之招牌也，礼仪之旗帜也”，曾国藩认为知书达理比富贵更重要。这是曾国藩这句格言的第一层含义。此外，能否获得功名富贵，不仅取决于自身的努力，而且取决于很多外界因素，甚至是运气。而能不能读好书，学会做人的道理，则完全取决于自身的努力。过程比结果更加重要，这是曾国藩的话的第二层含义。第三层含义是这句话也包括了谦逊的意思。为什么曾国藩不要求子孙后代考举人和进士呢？因为举人和进士的考试难度更大。与举人和进士相比，只要自己努力，考中秀才的概率就更高。同时，将目标定在秀才，可以免得给后代过高的要求，带来过大的压力。

一个人能不能大富大贵，不完全由自己说了算，但是业务能力强不强，则完全取决于自己。一个人在做事的时候，应该把精力和重心放在准备是否充分、方法是否正确上，而不应该只盯着结果看。一个走钢丝的杂技表演者，若是总想着表演结束之后赢得观众的掌声与喝彩，想着获得丰厚的奖励，那他在表演过程中就会分心，结果轻则表演不好，重则掉落下来。只有摒弃杂念，全神贯注于走钢丝，才能获得一个好的结果。富贵功名也好，升官发财也好，穷困潦倒也好，平平淡淡也好，都是生活的结果，不是生活的本真。

什么才是生活的本真呢?

用工不可拘苦，须探讨些趣味出来

用工不可拘苦，须探讨些趣味出来。

出自同治五年三月十四日的曾国藩家书。随着战争大体结束，弟弟们各忙各事，曾国藩后期的家书更多是写给儿子们的，这些都慢慢变成了家庭教育的范本。这篇也不例外。曾国藩说曾纪泽十分聪慧，但在待人接物方面过于玲珑剔透，应在“浑”字上下功夫；而曾纪鸿应该在“勤”字上下功夫。无论如何，用功不应该停留于吃苦，而是要找到学习的趣味。

兴趣是最好的老师，跟着兴趣走，学习速度更快，效率更高，质量也更好。父母望子成龙、望女成凤的心情可以理解，但是一贯以高压姿态要求子女的话，孩子们会失去学习的兴趣，即使短期内能取得进步，长期来看也未必有好前景。随着2019年高考结束，第二届《中国诗词大会》冠军武亦姝被清华大学录取。小时候，她的父母曾要求她每天放学回家后识字、背诗、画画，高压之下的武亦姝产生了厌学的心理，不愿学习。后来，武亦姝的父母改变了对她的教育方式，陪她一起读书、画画、学习，一起玩诗词接龙，培养她对学习的兴趣。在父母的长期熏陶下，武亦姝的学习态度慢慢转变，逐渐爱上了诗词。后来，她凭借丰富的诗词积累，对诗句信手拈来，在《中国诗词大会》上大放异彩，获得了冠军。

一个人一旦对一件事产生了兴趣，便会产生无穷的求知欲，自然会全神贯注地做，肯花时间在上面钻研，更会有坚持的动力。即使在学习的过程中遇到困难和挫折，也会因为热爱这件事而努力克服，用坚强的意志去排除万难，奋勇前进。

老氏有杀机

饭后，吴子序来，久谈，言圣人言保国保天下，老氏言取国取天下，吾道只自守，老氏有杀机云云。其义甚精，好学深思，子序不愧。

出自道光二十三年四月初八的曾国藩日记。这一天，吴子序来与曾国藩谈他的治学心得。吴认为，孔孟说的是保卫国家、保卫天下的学问，是自我防卫；而老子说的是夺取国家、夺取天下的学问，蕴含着杀机。曾氏赞赏吴为学深刻，所言很有道理。

多数中国人生活在熟人社会里，和左邻右舍维持良好的社会关系是利于个人和家庭的长远发展的。虽然心里眼红别人的“一亩三分地”，但却不能将予取予夺的想法表现在行动上，甚至写在脸上都不行。所以我们老祖宗写了很多成功学的书来教我们，怎样不动声色地获取更多的资源，同时也能维持不错的社会关系。像老子说的“将欲夺之，必固与之”，表面上是风轻云淡，其实还是为了夺取，所以说内含杀机。再比如老子的“后其身而身先”，目的还是很明确的——为了“身先”，领先众人。以谦退自抑标榜自己，却志在夺取；表面无为，实则有为。所以当吴子序说老子蕴含着杀机时，曾氏认为言之有道。

其实，不仅仅是《道德经》，我们中国传统文化大多是成功学，从《周易》到诸子百家，本质上都是成功学。比如《周易》，就是以神秘的占卜方式告诉人们如何趋吉避凶，获得成功。

咸丰七年，曾国藩在老家守孝一年多。在这一年中，他反思了之前在江西办团练时抑郁不得志的辛苦生活，只是耿直地专注于业务，无问其他。然而，老实人无论在哪个时代都是容易备受欺负的，曾国藩也在咸丰五六年尝到了苦头。老曾逐渐热爱起老庄之道来。咸丰八年出山之后，他用老庄之道对待军事和人事。用他自己的话说，虽然成功的决心没有之前那么强了，正经的业务看起来没那么上心了，但应酬周到，有信必复。咸丰八九年，曾国藩在官场上、军事上都更加顺利了些。赢在棋盘外还真是一门学问。

对曾国藩来说，老庄之道只是成功手段，是带领湘军、处理同僚关系的手段。看似无为，实则有为。

很多企业都绞尽脑汁地想打开产品销路，为此投入大量人员做营销，用大量资金打广告，但却收效甚微，甚至公司江河日下，比如曾经的央视广告标王“孔府宴酒”。相比之下，“老干妈”创始人陶华碧却用无为而治的思想打开了辣酱的销路。别人的产品都是颜值超高的“明星”，陶阿姨倒是自己给自己代言起来，颇有陈欧“我为自己代言”的那种酷炫感。陶阿姨踏踏实实做好每一瓶辣酱，从质量上谋口碑，反而使得“老干妈”销量长青，甚至远销海外。她本人更是由此成为中国最“火辣”、最让人“热血沸腾”的“女神”。试问，陶华碧不想打开销路吗？肯定想。只是她没有开门见山地打花哨的广告，而是以静制动，以质求真，以无为来谋有为，终有所成。

莫问收获，但问耕耘

不为圣贤，便为禽兽；莫问收获，但问耕耘。

出自咸丰元年七月十二日的曾国藩日记。这一年，曾国藩在刑部担任侍郎（相当于二把手），不再像在翰林院的时候那么清闲了。这一天，曾国藩凌晨四点多去刑部上班，下午一点多下班回家。可能清代夜生活不丰富，睡觉比较早，曾国藩又爱起早，所以那么早去上班也可以理解。这天回到家里，也没什么特别的事，曾国藩晚上接待了一个叫张灵斋的朋友，然后写了这么一副对联。对联的意思很好理解，是对自己的勉励。上联表达了自己做圣贤的志向，要以圣贤的道德标准要求自己；下联表达了自己淡泊名利的心境，要像农民一样好好耕耘，至于有没有收成，还得看天意如何。

有些证券、基金从业者调侃自己是农民，看天吃饭。行情好就赚钱，行情不好就亏钱。没错，股市行情不是个人能力所能把控的，自己能做的仅仅是好好耕耘。泛而言之，任何行业都是如此。

特朗普突然要给中国商品增加关税，影响了很多出口型的企业以及这些企业的上游配套厂商，对中国经济的影响可谓巨大。作为企业家，又有什么办法呢？知道哪些是自己无法改变的，哪些是自己可以改变的，然后在自己能改变的范围之内努力做到最好，便是明智之举。

无心外之理，无心外之物

然。身之主宰便是心，心之所发便是意，意之本体便是知，意之所在便是物。如意在于事亲，即事亲便是一物；意在于事君，即事君便是一物；意在于仁民爱物，即仁民爱物便是一物；意在于视听言动，即视听言动便是一物。所以某说无心外之理，无心外之物。

出自王阳明《传习录·上》。弟子徐爱问道：“我昨天早上想‘格物’的‘物’是不是‘事’的意思。”王阳明回答：“对的。”“意之所在便是物”，意在干什么，干什么就是物，意是心的发挥，所以没有心外的物。

王阳明讲的物不是电脑、手机等这样客观的物体，而是有人参与的事情，主要指道德实践。王阳明随后还引用《中庸》的“不诚无物”来解释他的观点——这句话出自《中庸》的第二十五章，讲的也是道德伦理。所谓的物，并非自然界的一棵树或者一根草，而是指道德实践。“不诚无物”这句话告诉人们，做事情应该将真诚、专一之道贯彻始终，否则就相当于没做。王阳明的意思其实也是差不多的，他在先前还举了侍奉双亲的例子来解释自己的观点，即如果不是真心实意地侍奉双亲，只是装作孝顺的样子，那是不行的。

《传习录》和《大学》《中庸》所讲的都是道德实践范畴的事，而并非自然科学方面的事，这是中国传统文化的特点。比如《大学》开篇就说“大学之道，在明明德，在亲民，在止于至善”，明确地告诉读者这是一本讲伦理道德的书。王阳明讲的主要也是伦理道德，抓住这个出发点非常关键。他的《传习录》一开篇就是解释《大学》的第一句话，把自己和朱熹的分歧亮出来。在一定程度上，朱熹和王阳明的理论无非是对《大学》的不同的阅读理解而已。

现代读者如果望文生义，就会认为王阳明是唯心主义，认为他是“傻子”。毕竟人家是大学问家，怎么可能是傻子？但是他心灵外面没有物体存在啊，难道不是傻子吗？既然不是傻子，就肯定有原因，想一想！从只言片语开始胡思乱想，于是一些读者开始走向玄学，从复杂的地方去理解，什么佛学禅宗就来了。然而王阳明确定声明过，自己的理论不是佛学，他自认是孔孟传人，只是不同意朱熹的观点而已。

王阳明在正德九年的《与王纯甫书》中说道，人的内心在完全真诚、美好的情况下，指向物就是“理”，指向事就是“义”，指向本性就是“善”，只是因为所指不同而名称不同，这些其实都是他的心。所以心外无物，心外无善。他的心处理事务纯乎天理，所以叫善，而不是在某个事物上求得一个善。

> 夫在物为理，处物为义，在性为善，因所指而异其名，实皆吾之心也。心外无物……心外无善。吾心之处事物，纯乎理而无人伪之杂，谓之善，非在事物有定所之可求也。

王阳明所说的“心外无物”和中庸的“不诚无物”都是一种夸张的说法，我们不应咬文嚼字地机械理解，其本意是，对待他人和处理事情要用诚心和善心，将心的能量充分发挥，如果不上心、不用心，就相当于没做。

格物致知

古之欲明明德于天下者，先治其国；欲治其国者，先齐其家；欲齐其家者，先修其身；欲修其身者，先正其心；欲正其心者，先诚其意；欲诚其意者，先致其知；致知在格物。

出自《大学》。古代那些想要在天下弘扬光明正大品德的人，先要治理好自己的国家；想要治理好自己的国家，先要管理好自己的家庭和家族；想要管理好自己的家庭和家族，先要修养自身的品性；想要修养自己的品性，先要端正自己的心思；想要端正自己的心思，先要使自己意念真诚；想要使自己意念真诚，先要“致知”，而“致知”的途径在于“格物”。

究竟什么是“格物致知”？这么重要的概念，《大学》里面并没有解释，而且《大学》里面其他章节再也没有出现过“格物致知”。于是围绕什么是“格物致知”，后世学者，尤其是朱熹和陆九渊、王阳明提出了不同的意见。

朱熹认为，“格物”就是探索事物的规律，“致知”就是获得知识，“所谓致知在格物者，言欲致吾之知，在即物而穷理也”。朱熹还认为《大学》缺失了一章讨论“格物致知”，于是他专门补写了一章。朱熹的观点得到了广泛认可。《现代汉语词典》第七版将“格物致知”解释为：“推究事物的原理法则而总结为理性知识。”

但是，朱熹的观点是有问题的。按照朱熹的理解，大概科学家是最诚意、最正心、最擅长修身和最善于管理家庭的了，治理天下就靠科学家了。

要理解“格物致知”，就必须理解“格”的含义。《说文解字》由东汉许慎所编，它是中国第一部系统地分析汉字字形和考究字源的书籍，解释了每个字的本义。在《说文解字》中，“格”字的原始释义为“木长儿”，即树木枝条长的样子。在《尚书》中，“格”被引申为“到、来、至、去”的意思。枝条长了，触及隔壁的树木，或者触及其他东西，不正是有“到来、去到”的意思吗？如果进一步延伸，隔壁树的枝条也长长的，那么两棵树的枝条不就形成了网格，不就是现代意义上的“格”吗？

《尚书·汤誓》中有“格尔众庶，悉听朕言”一句，意为来到这儿的众人，都听我说话。《尚书·尧典》中有“光被四表，格于上下”一句，其中“格”意为“至”，意思是光辉照耀四方，到达天地。《尚书·益稷》中有“祖考来格，虞宾在位，群后德让”一句，其全句意为祖先的灵魂降临了，宾客就位了，众人相互揖让。

东汉儒家学者、经学大师郑玄也把“格”解释为“来”，“格，来也。物，犹事也。其知于善深，则来善物。其知于恶深，则来恶物”。唐代经学家孔颖达也认为“格”为“来”的意思，“致知在格物者，言若能学习，招致所知。格，来也。已有所知则能在于来物，若知善深则来善物，知恶深则来恶物”。两位大学问家的意见差不多，但是把“格物”和“致知”的逻辑关系搞错了。《大学》里面明确讲“格物”是“致知”的原因，而按照这两位专家的逻辑，“来善物”是“知善深”的结果，“来恶物”是“知恶深”的结果，这岂不是因果颠倒了？

作为大学问家，王阳明也知道“格”有“至、来、到”的意思。王阳明说，“格”字的意思，有人用“至”字来解释，比如“格于文祖”“有苗来格”等，这里的“格”都是当“至”讲的。“‘格’字之义，有以‘至’字训者，如‘格于文祖’‘有苗来格’，是以‘至’训者也。”

这里的“格于文祖”出自《尚书·舜典》的“月正元日，舜格于文祖，询于四岳，辟四门，明四目，达四聪”。意思是正月初一，舜到文祖（尧的祖先）太庙，与四方诸侯谋划政事，打开明堂四门宣布政教，使四方见得明白，听得通彻。

王阳明又说，“格于文祖”必定是至孝至敬，对于阴阳两世的道理都通晓，然后才能叫作“格”。王阳明据此认为，“格”有“正”的意思。“然‘格于文组’，必纯孝诚敬，幽明之间无一不得其理，而后谓之‘格’。”然后王阳明又举例《尚书》中的“绳愆纠谬，格其非心”和《孟子》的“格君心”，说这里的“格”都是“纠正、使正确”的意思。

王阳明认为，“格物”的“格”如同《孟子》中“大人格君心”的“格”，意思是去除心中不正的念头，使心的全体归于正当。“‘格物’如《孟子》‘大人格君心’之‘格’，是去其心之不正，以全其本体之正。但意念所在，即要去其不正以全其正，即无时无处不是存天理，即是穷理。”《孟子·离娄上》中的“格”的确是“正”的意思。孟子认为，只有德行高尚的人才能纠正君主心术上的错误。“唯大人为能格君心之非。”

既然“格”能理解为“纠正”，那么王阳明认为，“格物”就是指让事物正确、合理，“事事物物皆得其理者，格物也”。

那么顺着王阳明的这个逻辑，“格物致知”就应该让事物合理、正确，然后获得良知。但是王阳明在下面的逻辑中，违背了《大学》的“先格物后致知”的顺序，改成了“先致知后格物”。王阳明说，“致知格物”是将内心的良知推及至万事万物。内心的良知就是天理，将内心的良知推及万事万物，那么万事万物就都合乎天理。

若鄙人所谓致知格物者，致吾心之良知于事事物物也。吾心之良知即所谓天理也。致吾心良知之天理于事事物物，则事事物物皆得其理矣。致吾心之良知者，致知也；事事物物皆得其理者，格物也。是合心与理而为一者也。

为什么要致知再格物，整本《传习录》都在说这个问题。王阳明举例说，孝顺父母，要先有孝顺之心，然后去做孝顺的事，这才是真正的孝顺，而不是先从父母身上研究出孝顺的道理。所谓从父母身上研究孝顺的道理，这个说法是王阳明嘲笑朱熹“格物”的撒手锏。但是王阳明并没有嘲笑《大学》，而是在宣扬、维护《大学》的教义。《大学》明确讲了“致知在格物”，王阳明却当作没看见。为什么会这样呢？因为王阳明年轻的时候，对着竹子“格”了好几天，一无所获，于是他在贵州龙场的时候决定反过来，先致知再格物。

我认为，王阳明批判朱熹是成功的，但是自己也背离了《大学》的本意。所谓“格”就是古人说的“去、至”的意思，或者吸收王阳明的理解，可以解释为正确地去、正确地至。所谓“格物”，就是到事物上去，去实践；或者正确地去事物上实践；或者到事物上去实践，并尽量保持正确。所谓“致知在格物”，就是说要去事物上实践，尽量正确，为获得知识做好准备。以孝顺父母这件事为例。要实际去做孝顺的事，才能获得孝顺的知识，知道孝顺的过程其实挺辛苦，然后确定自己的意念是否真诚。意念不真诚的人就放弃了，抛弃了年迈的父母，而意念真诚的人还会继续，于是心就更加端正了。这样一来，就有助于自身修养的提高，更加有利于齐家、治国、平天下。这就是《大学》所说的一系列环节：格物、致知、诚意、正心、齐家、治国、明明德于天下！

下学而上达

子曰："不怨天，不尤人，下学而上达。"

出自《论语·宪问》。孔子说，不怨恨天，不责备他人，学习一般的知识从而了解更高的道理。

王阳明与其弟子王嘉秀就"下学""上达"对仙佛、儒士发表了评价。王嘉秀认为仙佛修炼到最高境界只有上半截"上达"，缺少下半截"下学"，没有圣人全面；后世的儒者过于强调下半截"下学"，没有达到上半截"上达"的高度，反而落后于仙佛之徒。王阳明大体上认同王嘉秀的看法，但也指出他对"上一截""下一截"的认识有偏颇之处。王阳明说，圣人们大中至正的道义，是上下通彻、一以贯之的，没有分开讲的说法。"若论圣人大中至正之道，彻上彻下，只是一贯，更有甚上一截、下一截？"他还引用了《易经·系辞》里的两句话对这个看法进行论证——阴阳结合便是道，但是仁者看见它叫仁，智者看见它叫智，百姓天天和它接触却不知道这就是道，因此君子之道也就很少有人知道了。也就是"一阴一阳之谓道”，“仁者见之谓之仁，智者见之谓之智，百姓日用而不知，故君子之道鲜矣”。仁爱与睿智都是道，无所谓上下之分，只是人们对它的理解不同而已。

王阳明另一个弟子陆澄也曾经向他请教过“上达”的功夫。王阳明对“下学”和“上达”是这样解释的：凡是眼睛能看见的，耳朵能听见的，嘴巴能说出来的，心里能想得到的，就是“下学”；反之，则是“上达”。“夫目可得见，耳可得闻，口可得言，心可得思者，皆下学也；目不可得见，耳不可得闻，口不可得言，心不可得思者，上达也。”他还用了一个生动的比喻，把“下学”比作树木的栽培和灌溉，而“上达”则是指树木日夜生长、枝繁叶茂，这一切都在潜移默化中发生，难以预料。“如木之栽培灌溉，是‘下学’也；至于日夜之所息，条达畅茂，乃是‘上达’。人安能预其力哉？”

王阳明在“下学而上达”这一点上基本赞成先贤的说法。佛教并非中国传统思想文化的组成部分，而是在两汉之际才从印度传入中国。佛教作为一个舶来品，之所以能在中国发展繁荣，主要得益于其操作简单，不需要辛苦地“下学”便能“上达”，可以立地成佛，而且还能保佑这保佑那。而儒家却讲求先“下学”再“上达”，比较辛苦。“下学”而“上达”，既要克己，又要孝悌，还要勤劳，操作没有那么简单。

望道未见，乃是真见

文王视民如伤，望道而未之见。

出自《孟子·离娄下》。这句话的意思是，周文王对待老百姓就像对待受伤的人一样，看见天道就像没有看见一样。周文王是一个勤政仁德的君王，老百姓已经安居乐业了，他还坚持对待老百姓如同对待受伤的人，想去照顾、安抚他们。他已经看见了道，是得道圣人，却如同没看见一般对真理充满了渴望，这是一种谦卑的姿态，也是一种不断进取的姿态。

这个典故被王阳明引用来回答弟子陆澄。陆澄对“颜回死后，孔子的学说就衰亡了”这个看法充满疑惑。王阳明回答他，颜回对孔子学说的领会最为全面，这从颜回的感叹中就可以看出。那么颜回是如何感叹的呢？《论语·子罕》里记载，颜回感叹道，老师的学问道德，越是仰望，越觉得高，越是钻研，越觉得深，看着像是在前面，忽然又出现在后面。老师善于循序渐进地引导他们，用文章来丰富他们的知识，用礼节来约束他们的行为，他们想停止学习都不可能。颜回用尽了他的才学，但是仿佛有一座高高的东西耸立在眼前，虽然他想追赶，却无迹可寻。“仰之弥高，钻之弥坚，瞻之在前，忽焉在后。夫子循循然善诱人，博我以文，约我以礼，欲罢不能。既竭吾才，如有所立卓尔。虽欲从之，莫由也已。”这是颜回的感叹呢，还是高明的马屁，大概只有颜回自己知道了。

王阳明还说，颜回说的“虽欲从之，莫由也已”和周文王说的“望道未见”有异曲同工之妙，看见了道却像没有看见，这其实才是真正的看见。“望道未见，乃是真见。”道就在眼前，已经看见了道，却因为对道的领悟越深，反而越觉得自己无知，于是如同没看见道一般，对真理充满了更深的渴求。

“路漫漫其修远兮，吾将上下而求索。”理想之路是遥远而漫长的，追求理想需要有恒心，不能尝到一点甜头就停止追逐的脚步。有些学者在某个领域稍有成就，就号称自己是某某领域的“第一人”，甚至公然将此称号标榜出来。而真正的大家则是“望道未见”。

多闻，择其善者而从之

子曰："盖有不知而作之者，我无是也。多闻，择其善者而从之；多见而识之；知之次也。"

出自《论语·述而》。孔子说，有种人什么都不知道却凭空造作，我不是这样的。多听，选择其中好的加以学习；多看，把看见的都记住。这是比"生而知之"次一级的了。

王阳明在给朋友顾璘的信中也提到了孔子这句话，但王阳明要强调的是后半句，即多闻多见是"知之次"。王阳明诱导式地问，既然向外在的见闻去获取知识是"知之次"，那么"知之上"是什么呢？如果能够知道"知之上"指的是什么，就可以知道圣人做学问的发力之处了。王老师没有马上给出答案，他又引用了孔子对子贡说的话："赐也，汝以予为多学而识之者欤？非也，予一以贯之。"意思是，"子贡啊，你以为我是多学习然后能牢牢记住的人吗？不是的，我只是用一个基本的道理把知识贯穿起来"。此时，王阳明以反问的方式给出了答案："非致其良知而何？"也就是说，"一以贯之"

不是致良知，那又是什么呢？为进一步加强说服力，他又引用《易经》里的一句话："君子多识前言往行，以畜其德。"意思是君子通过学习过往的言行，来存养德行。在王阳明看来，"畜其德"就是致良知。多记住过去的言行，是致良知的具体行动。

绕了一个大圈，王阳明就是想说，向外在的见闻去求知，并不是最高级的"知"，最高级的"知之上"是致良知。

其实，王阳明此处曲解了孔子的意思。首先，王阳明试图将"知之上"引申为致良知，然而孔子所说的"上"指的是"生而知之"。孔子在劝人学习时，对学习的人的层次进行了排序。"知之上"的人，是天生就知道的圣人；次之，是学习后知道的人；再次之，是遇到困难去学习的人；而遇到困难都不去学习的是下等的愚民。"孔子曰：'生而知之者上也，学而知之者次也；困而学之，又其次也；困而不学，民斯为下矣。'"

从语境来分析，孔子在说"知之次"时，旁边还有一句话："亡而为有，虚而为盈，约而为泰，难乎有恒矣。"意思是，本来没有却装作有，本来空虚却装作充实，本来贫穷却装作奢侈，这样的人是很难保持操守的。孔子在这里主要是批评那些不学无术、不懂装懂的人，并非贬低向外在见闻去求知的行为，也不是要为引出"知之上"而作铺垫。

另外，孔子所谓的"一以贯之"并非指王阳明认为的致良知。

那是什么呢？孔子在另外一个场合也提到了“一以贯之”。有一天，孔子对学生曾参说：“我的道一以贯之。”说完便出去了。其他人问曾参老师的话是什么意思，曾子说，孔老师的学问，以“忠恕”二字贯穿始终。忠恕与王阳明的“致良知”有一定相似性，但不是一回事。

总之，孔子的这些话不能直接拿来佐证王阳明的观点。王阳明引用了孔子的零碎语句，有移花接木的嫌疑。在《传习录》的其他地方，还能找出不少强词夺理的特征，但我们不必过于咬文嚼字，王阳明的“致良知”理论将孟子的“不动心”理论阐述得十分完善，同时进行了升华，对于我们修身养性有很好的实用价值。王阳明论证其观点的过程，用现在的逻辑来看存有很多漏洞，但是其观点本身是非常有价值的。所以读者在阅读《传习录》的时候，没有必要去纠结每个字、每个词的意思，而是要去读懂其精神实质。王阳明心学的精神实质就是教人存养一颗纯粹的、善良的、符合天理的心，通过擦拭镜子般的省察活动和实践活动来强化自身，追求一种不偏不倚的、不慌不乱的、不喜不悲的中庸境界，并以行动来改造世界。

道之大端易于明白

“道之大端易于明白”，此语诚然。顾后之学者忽其易于明白者而弗由，而求其难于明白者以为学，此其所以“道在迩而求诸远，事在易而求诸难”也。孟子云：“夫道若大路然，岂难知哉？人病不由耳。”

出自《传习录·答顾东桥书》。王阳明的朋友顾东桥写信说，大道理谁都明白，哪怕稍微笨一点的人也知道要有良知，但是在具体细节上该如何做，必须通过学习才知道。比如，割股侍亲、结庐守墓等都是古代孝顺的做法。现如今父母生病了要不要割股侍亲？父母去世了要不要结庐守墓？围绕这些具体细节要讨论出个标准，才能将此标准作为“制事之本”，才能遇到事情没有过失。顾东桥还特意举了舜没有告诉家人就娶妻、武王没有安葬文王就伐纣的例子。舜、武王都是公认的孝顺之人，但孝顺的具体表现千差万别，到底现在的人怎么做才符合孝的标准呢？这才是学者应该讨论的问题。王阳明回答说，大道理易于明白。没错，只是现在的学者忽略了这些易于明白的大道理，不去遵守笃行，而把那些难以明白的细节当成学问去研究，这是问题所在。孟子曾经批评说，事情本来简单，有些人偏要追求复杂；大道就在近处，有些人偏要舍近求远。

王阳明还引用了孟子的另一句话："夫道若大路然，岂难知哉？人病不由耳。"王阳明说，愚夫愚妇和圣人的区别就在于，圣人能把他的良知落在实处。光明良知、落到实处才是圣人用功的地方。研究细节，可能会劳而无功。王阳明还打了个比方，良知就好像圆规，而具体的细节就好像圆。一个圆规能画出来无数个圆，然而天下具体的圆是无法穷尽的，只能去研究圆规。舜不告而娶到底算不算孝呢？舜在书籍经典中肯定找不到不告而娶的准则，他只能根据自己的良知去权衡轻重，不得已而为之。

在这里，王阳明倡导根据简单的大道理去行动，这是对的，但是顾东桥也没有错。知道了简单的大道理之后，再了解一些小道理的细节，也是有好处的。比如，人们都有恻隐之心，在网上看到一些病人求助的消息，出于良知的本能直接捐钱过去，但很可能是中了骗局，捐款反而鼓励了坏人行骗。当然这毕竟是少数现象，大多数情况是人们知道大道理却没有去做，所以王阳明在这封回信中倡导知行合一。比如，人们都知道要孝顺父母，但事到临头很多人以工作较忙等各种原因逃避。再比如，人们都知道不能出口伤人，但很多人出口伤人之后总觉得自己没错，别人活该。诸如此类，不一而足。大道至简，知易行难，在行动中坚持落实那些简单的大道理，是多么难能可贵！

思无邪

子曰：“诗三百，一言以蔽之，曰：‘思无邪。’”

出自《论语·为政》。孔子说，《诗经》中的三百多首诗可以用一句话概括，那就是“思无邪”。“思无邪”，原出自《诗经·鲁颂·駉》中的一句诗：“思无邪，思马斯徂。”

后世对“思无邪”的解释各有不同，但在王阳明的理论中，“思无邪”的意思是没有邪念、思想纯正。他认为，这句话不仅可以概括《诗经》中的三百多首诗，《六经》也只要这一句话就可以贯穿始终，甚至古今天下所有圣人的话，都可以用这一句话贯通。王老师还夸张地说，除此之外还有什么可说道的呢？这是一句顶一百句的功夫！“岂特三百篇？《六经》只此一言便可该贯。以至穷古今天下圣贤的话，‘思无邪’一言也可该贯。此外更有何说？此是一了百当的功夫。”

王阳明的致良知，就是“去人欲存天理”。致良知的第一个步骤就是“去人欲”，把人性中不好的欲望都去掉，便是“思无邪”了。朱熹所倡导的是，通过对外在事理的研究来净化人的内心，即“存天理去人欲”。词语都是一样的，顺序却有所不同。两种学说的出发点是一样的，只是切入点不同。以“去人欲”为切入点，更容易修成一种不动心的境界。以“思无邪”作为生活的目标，更容易养成沉着、冷静、旷达的胸怀。“去人欲”是一个动作，“思无邪”是一种状态，两者所说的是一回事，只是名称不同罢了。

清晨刚刚起来，打开窗户，看到外面的美景，那一瞬间什么私心杂念都没有，就是“思无邪”的状态。然后，大脑开始思考一天的安排，得失心就来了，这种状态转瞬之间就消失了。

古之学者为己，今之学者为人

子曰："古之学者为己，今之学者为人。"

出自《论语·宪问》。孔子说，古代人的学习是为了使自己增进修养和学识，现代人的学习是为了表现给人看。对于孔子的这句话，荀子在《劝学》中有所发挥。荀子认为，君子学习，是听在耳里记在心里，一举一动都可以垂范于人；小人学习，是听在耳朵里从嘴巴出去，完全是为了卖弄和哗众取宠。"君子之学也，入乎耳，着乎心，布乎四体，形乎动静。端而言，蝡而动，一可以为法则。小人之学也，入乎耳，出乎口；口耳之间，则四寸耳，曷足以美七尺之躯哉！古之学者为己，今之学者为人。君子之学也，以美其身；小人之学也，以为禽犊。"

王阳明也曾在讲学中提过，圣贤学习只是为了自己，重视学习本身而非效果。"圣贤只是为己之学，重功夫不重效验。"

完全只为丰富自己的内心，而不是为了某种功利的目的，比如向他人炫耀而学习，能做到这点的人是很少的。人是社会的人，而

这就像走路摔了一跤，爬起来接着走，装出一副没有跌倒过的样子。王阳明认为这不是小过错，用功时揠苗助长，不仅今日没有收获，还会把以前花的功夫都给败坏了。

“揠苗助长”这个典故出自《孟子·公孙丑上》。孟子的弟子公孙丑请教孟子何谓浩然之气。孟子告诉他，浩然之气最为强大刚健，合乎道与义，是日积月累的正义所生长出来的。浩然之气的养成，一定要努力积累而不停息，心里不要忘记它，但也不能揠苗助长。宋国有个人担心禾苗长不高而把它拔高，忙碌一整天后心中洋溢着充实感和成就感。他回家对家人自豪地说，今天可把他累坏了，禾苗终于长高了！他儿子好奇地跑到地里一看，禾苗都枯死了。这个揠苗助长的故事几乎人人皆知，但是很少有人知道孟子紧接其后说了一句意味深长的话，天下不揠苗助长的人太少了！“天下之不助苗长者寡矣！”

王阳明曾经是一个天才少年，但是他却说天才很少，并教人循序渐进的道理。王阳明曾在其他讲学场合中说：“我这里功夫不由人急心，认得良知头脑是当，去朴实用功，自会透彻。”这与孟子、曾国藩的说法出奇地一致。现代大多数人都说曾国藩比较笨，所以打仗就用笨办法，而事实是，二十几岁就考上进士的曾国藩自认为不够聪明，宁可采用看起来比较笨的办法。当大多数人在寻找终南捷径的时候，真正的天才都在循序渐进呢！

第二章

择师交友

凡事皆贵专，求师不专，则受益也不入；求友不专，则博爱而不亲。心有所专宗，而博观他途以扩其识，亦无不可；无所专宗，而见异思迁，此眩彼夺，则大不可。

无完全无隙之交情

大抵天下无完全无间之人才，亦无完全无隙之交情。

出自咸丰十年八月十二日的曾国藩家书。在这封家书中，曾国藩先和弟弟谈到文人年轻时容易自命清高，其中有一部分人随着阅历的丰富可以变得平实。然后曾国藩感慨道，人无完人，就好像朋友之间的交情再好也不可能“完全无隙”。本来曾国藩并不是要谈论友谊的，这句话是被“人才”这个话题顺带出来的。而曾氏关于友谊的观点可谓深刻。

小时候，觉得最好的朋友一定是亲密无间、无话不说、可以肝胆相照的，亲密的关系容不得一粒沙子。试想一下，你在小学、中学、大学时期的最要好的朋友，还经常保持联系吗？他/她现在在哪里呢？你们两人之间有没有过矛盾甚至争吵呢？

什么是朋友？有一种观点认为，朋友不是在你困难的时候给你雪中送炭的人，而是在你困难的时候不对你落井下石的人。朋友不能被定义成“帮助你的人”，而应该被定义成“不伤害你的人”。这个观点听起来很残酷，但也是过来人的经验之谈。降低对朋友的期望值，朋友才会越来越多；降低对友谊的期望值，友谊才会越来越久。

《庄子》里面经常用大树来打比方。一棵又直又长的树，总是被人砍了做家具，而歪歪扭扭的树不成材，也就没有刀斧的砍伐。越是完美的艺术品，欣赏它、把玩它的人越多，破碎的风险也越大。友谊也是一样，越是出于天然人性形成的东西越可靠。容忍一些不完美，方能拥有相对完美。

师友夹持，虽懦夫亦有立志

师友夹持，虽懦夫亦有立志。

出自道光二十二年九月十八日的曾国藩家书。这一年，曾国藩三十一岁，是家乡父老心目中高不可攀的“曾翰林”、京城领导眼中的闲散词臣“小曾”。由于不需要每天去翰林院，为了节省房租，小曾干脆住在北京城外，也就是郊区。平时在家读书，有事的时候再去单位打卡。好友吴竹如经常来看他，屡次劝他搬进城内居住。为什么要搬进城内呢？因为城内有良师益友可以交流讨论，比如唐鉴可以拜为老师，倭仁、窦兰泉可以做朋友。这些人都是满腹经纶。在他们的影响下，师友夹持，每日熏陶，就算是懦夫也会立下志向，好好学习，天天向上。在吴竹如建议之前，唐鉴、倭仁这两位朋友也曾经劝他搬入城内。小曾盘算了一下，自己住在城外，交通不便，要进一趟城基本靠两条腿，的确很花时间。于是，在众人的劝说下，为了方便被“师友夹持”，小曾决定搬入城内居住。

刻意地和值得交往的朋友亲近，多交流互动，是曾国藩成功的方法之一，也是现代人成功的方法之一。过于“佛系”，事事被动，好运怎么会来临呢？

有一个说法：一个人的身价，约等于关系最好的五个朋友的平均身价。要想成为什么样的人，就需要跟什么样的人在一起。如今交通、通讯非常发达，朋友之间的交流变得更容易了。多和好朋友交流，多向好老师请教，有机会尽可能地多见面，就是曾国藩所说的“师友夹持”。也许他们没有直接起到帮助作用，但是他们的眼界、做人的态度无形之中会对你产生帮助作用。回顾起来，在北京的这些经常交流的朋友，对曾国藩后来平定太平天国的事，几乎没有能直接帮上忙的，反倒是和曾国藩来往不多的胡林翼，在后期给了曾国藩决定性的帮助。但是这些朋友对曾国藩的性格塑造、能力提升有非常重要的影响。

总之，良师益友是人生的巨大财富，只有好处没有坏处。那么，你的师友在哪里呢？赶紧给他／她打个电话，约起来吧！

以诚待伪，共趋于诚

左季高待弟极关切，弟即宜以真心相向，不可常怀智术以相迎距。凡人以伪来，我以诚往，久之则伪者亦共趋于诚矣。

出自咸丰七年十二月初六的曾国藩家书。这是他写给弟弟曾国荃的。曾国藩劝其弟说，左宗棠很关心他，劝他要用真心和左宗棠相处，切不可时常使用智术，虚与委蛇。他还告诉曾国荃一个处理内部矛盾的通用方法：别人对我虚伪，我用真诚去感化，久而久之，那些虚伪的人也可能变得真诚。曾国藩通过处理与左宗棠关系的事来教导弟弟曾国荃待人处世之道——以诚待人。这是曾国藩一生敬奉的金科玉律。后来曾国荃和左宗棠关系不错，也验证了以诚待伪、共趋于诚的方法是实用干货。

与曾国藩、李鸿章、张之洞并称为“晚清中兴四大名臣”的左宗棠晚年脾气火暴，经常贬低曾国藩，往往一边大谈自己的丰功伟绩，一边诋毁曾国藩，有时在家里骂，有时在军营里骂，不择时不择地，可见他跟曾国藩有多么过不去。骂到这个程度，曾国藩能不知道？当别人向他转述左宗棠的诋毁的时候，曾国藩说自己“拙于口而钝于辩”，嘴巴太笨不善辩论，于是不闻不问，不骂回去，更不反驳，也不疏远，“以不诟不詈不见不闻不生不灭之法处之”，就这样百事随风而去。曾国藩用一颗赤诚之心对待左宗棠，以诚待人，也以诚服人。后来，曾国藩逝世，左宗棠挽联高度赞扬曾国藩，并落款为“晚生”，这不正是“凡人以伪来，我以诚往，久之则伪者亦共趋于诚矣”的真实写照吗？

有这样一个演义故事。周文王与姜太公交谈，在听到姜太公对局势的分析后喜不自胜，想请姜太公回自己的府邸深入交流。这时姜太公却摆起架子，坐在板车上，让周文王亲自拉车。周文王心里清楚姜太公是故意的，但还是拉着姜太公走起来，等到拉不动了才停下来。姜太公说，侯爷如此礼贤下士，走了七百九十一步，我便保你周朝七百九十一年。面对“大胆狂徒”姜太公的故意刁难，周文王没有暴跳如雷、怒发冲冠，而是用大智若愚的厚道方式，以诚待伪，换来了姜太公的诚心，也换来了周朝的强盛。

当然，曾国藩所倡导的“诚”是对朋友、君臣、部下等总体立场基本一致的人而言的，对立场完全相反的太平军，曾大帅是以兵戎相见而非以诚相待。曾国藩的这个原则是对特定的人而言，其目的是解决组织内部的矛盾，减少内耗，并非针对立场完全相反的人。接到诈骗电话，你有空跟他说阿弥陀佛、善哉善哉，然后教他如何从事慈善事业吗？以诚待人当然要讲究对象！

如何处理与立场基本一致的人的关系，曾国藩给了很好的建议，即在适当的时候大智若愚，吃亏是福。

情意宜厚，用度宜俭

弟为余照料家事，总以俭字为主。情意宜厚，用度宜俭，此居家居乡之要诀也。

出自咸丰十年五月十四日曾国藩写给弟弟曾国潢的家书。他告诉料理家事的弟弟居家居乡要诀：情要重，钱不一定要重。情要重，指的是与人交往时话语上、行动上要周到，要多表达情感，多说暖心话，多照顾别人的情绪。比如，他人生病了要问候；客人来家时要盛情款待；别人家有丧事要去吊唁，有喜事要去庆贺。钱不一定要重，指的是希望弟弟勤俭持家，节省开支，不要养成奢靡之风。这不仅包含自己家用，也包含送礼花费。礼物不重不轻，恰到好处即可。

作为传统文化熏陶出来的中国知识分子，曾国藩非常重视人情交往。他在别的场合也提到过，很多富贵人家常常“礼物厚而情谊薄”。贵重的礼物送出去了，但去参加活动的人寥寥无几，暖心话说少了，会让对方觉得被轻视。反过来，为什么说“千里送鹅毛，礼轻情意重”呢？曾国藩非常怀念爷爷星冈公，说星冈公与人交往虽无厚礼但“意甚殷勤”。曾国藩是一个重感情的人，他与人交往，包括与家人相处，都讲究情意。

很多人觉得自己是重情重义之人，殊不知“打开方式”不同，在别人眼里的情意就不同。收到同学结婚寄来的邀请函，备上“大礼”，微信发送红包两千块，一声“红包来啦”表示情意已到，妥帖吗？这种方式，在有些人眼里，可能还不如到现场喝一杯酒贺一声喜，见见新人，递上一千块的礼金有情意。新春佳节，手机上的新年红包满天飞，也不如线下见面，一起吃个饭唠个嗑，说一句“恭喜发财”或“新年快乐”。父亲节、母亲节，在微信朋友圈里说一声“某某节快乐”，有人调侃道，这么孝顺，你妈妈/爸爸知道吗？教师节，买鲜花送给老师，还是买钢笔送给老师，并不重要，真正表情达意的是面对面的那一声“教师节快乐！谢谢老师，您辛苦了！”给孩子多少零花钱，买多少有趣的玩具，给父母送多少名牌衣服，寄多少贵重的补药，以此表达自己为人父母、为人子女的深情厚谊，却统统不及来到他们身边，你说我听，来得暖人。陪伴才是人世间最长情的告白。

情真意切的正确打开方式，你掌握了吗？

履信思顺

《易》曰："天之所助者顺也，人之所助者信也。"我弟若常常履信思顺，如此名位岂可限量?

出自咸丰十年六月二十七日曾国藩写给幼弟曾国葆的家书。曾国葆二十二岁中了秀才，之后就停滞不前。到了而立之年，大龄秀才投笔从戎，时来运转，不到一年时间，便得了个"训导加国子监学正衔"，相当于副处级教育局局长，可谓春风得意。曾国藩得知消息，对幼弟一番夸奖，欣喜之余，又不免担忧。曾国葆是家中最小的儿子，深受宠爱，平时在家说话也比较随意，现在自领一军有很多下属，会不会让人信服呢？曾国藩希望他能够忠心王事，让手下信服，所以曾国藩用"天之所助者顺也，人之所助者信也"对幼弟谆谆告诫。上天所帮助的，是顺应自然规律的人；人所帮助的，是守诚信的人。

这句话出自《易经·系辞上传》第十二章，是孔子对大有卦上九爻"自天佑之，吉无不利"的解释。大有卦的卦象是离上乾下，火在天（乾也可以指太阳）的上方。多数学者将其理解为阳光普照，我个人将其理解为日落。晚霞映红了云彩，太阳落下，不正是火在太阳的上面吗？古人割麦子或打猎，劳动了一天，获得大丰收，不就是“大有”、大丰收吗？他们用大车载回物品，将部分物品献给天子，部分物品在合作者间分配，对天子和伙伴都诚信以待。最后，上九爻说古人此时祈求上天保佑，万事吉利。只可惜，《易经》原文没有进一步说明如何取得天的保佑。对此，孔子写了《系辞》来解释说，顺应天意，和伙伴之间有诚信才能得到保佑，并提出“履信思顺”。孔子的具体所指，大概就是丰收后，该纳税以顺应天子，该公平分配以取信同伴。想想看，古人没有枪，捉头野羊或野牛什么的，得多少人一起合作啊？不履信思顺，下次还有得吃吗？还能有丰收吗？

当今社会，成功的企业家也要特别注意“履信思顺”。“大有”后，仍要对合作伙伴履信，对政府顺应，这样也就自天佑之，无灾无难，诸事顺利。这是曾国藩教弟弟的原话，也是《易经》的智慧。

不轻进人，不轻退人

翁中丞处复信甚妥，弟意疏疏落落亦极是。弟总认定是湖北之委员，以官、胡两帅为上司，诸事禀命而行，此外一概疏疏落落。希庵于此等处界限极清，人颇嫌其疏冷。然不轻进人，即异日不轻退人之本；不妄亲人，即异日不妄疏人之本。

出自咸丰十年七月十五日曾国藩给弟弟曾国荃的家书。这里的翁中丞就是安徽巡抚翁同书。他有个著名的比他小二十岁的弟弟翁同龢。曾国藩之所以表扬弟弟和翁同书关系没有过于紧密，是因为曾国藩马上就要弹劾翁同书了。但是在家书中，曾国藩只在表面上说一个客观公允的道理：不轻易和人亲近，以后也不会轻易和人疏远，疏疏落落就行了。他并没有讲翁同书的问题有多大，以及自己可能采取什么行动。这就是曾国藩做事不着痕迹的老练之处。

所谓的不亲近人，并不是不和人亲近关系，而是说在亲近之前要好好观察思考。不能只看某人一时风光，就去巴结或者亲近。同治初年，在权臣肃顺被查处时，清廷查获了一堆肃顺和其他官员密切往来的书信，却没有看到一封曾国藩主动写给肃顺的私人书信。从中可见曾国藩在人际交往中的深谋远虑和小心谨慎。

对于当代企业家，尤其是和政府关系密切的房地产行业的企业家，如何处理和政府官员的关系十分重要。看到某位政府官员春风得意，赶紧扑过去巴结，可曾想好脚下有没有地雷？下级官员看到上级官员，如何处理关系，走得多近，都是问题，需要把握一个度。同学之间、同乡之间、邻居之间、普通朋友之间，保持什么样的关系是要思考的问题，不可顺其自然。很多老大妈对保健品推销人员甚至传销人员的免疫力是很低的，不亲近人，对她们而言也是有益的忠告。

诚信之交，量力而求

凡与人交际，当求其诚信之素孚；求其协助，当亮其力量所能为。

出自同治元年三月初八曾国藩写给九弟曾国荃的家书。这封信主要讲的是军饷问题，曾国藩觉得曾国荃有个官场陋习，就是每次求人办事都喜欢狮子大开口，大概是因为当时官场上流行“法乎其上，得乎其中”的准则，大家都觉得要求得多一些，才能得到正常的分量。就事论事来说，该行为没错，甚至还很有效，但是久而久之，会给人留下不真诚的印象。一向崇尚待人真诚的曾国藩并不赞同这种耍小聪明求人办事的行为。他告诫曾国荃，与人交往时，应该与他人一直能保持诚信的方面的接触；求人帮忙时，要在他人力所能及的范围内求助。原句中曾国藩写了个错别字“亮”（应该为“量”），毕竟老人家经常用毛笔写那么多字，有时还在船上写，写个别错别字，反而有真实感。

曾国藩批评的“官场陋习”，在现实生活中也随处可见。某些人求人办事时，先提出一个较高的请求。利用别人婉拒时的愧疚心理，顺势提出真正的请求。大多数情况下，人们都不好意思再次拒绝，因此请求便达成了。殊不知，也许这个请求对他人而言还是有些困难的，是会给他人带来困扰的。这样的做法，一次两次还成，次数多了，便会被他人渐渐疏远。曾国藩觉得，日久见人心，一个真诚的形象才是最大的收获。另外，在别人的能力范围内提出自己的需求，也是一种为他人着想的表现。

这里主要讲的是求人办事方面，然而该句话的前半部分更为深刻，发人深思。

世界上有那么一些人，无法绝对用诚信来评价。他可能在某些方面十分诚信，在某些方面却很不守信。比如有些人对待生意伙伴十分诚信，但是约会聚餐却经常不守信。如果因为一个人某方面的不诚信而全盘否定他，不与其来往，那恐怕世界上就没几个人值得交往了。还是曾国藩说得好，只与其诚信的方面交往，才能形成良性循环。

若远若近，不亲不疏

吾家于本县父母官，不必力赞其贤，不可力诋其非，与之相处，宜在若远若近、不亲不疏之间。

出自同治元年九月初四曾国藩写给四弟曾国潢的家书。作为湖南湘乡县（今湘乡市）的首富、最显赫的乡绅，曾国潢如何与当地的父母官保持关系，曾国藩向他给出了自己的建议，即不过分赞美也不批评父母官，与之保持若远若近、不亲不疏的关系。关系有亲疏之分，什么是若远若近、不亲不疏的关系呢？曾国藩向弟弟举了一些例子来具体说明。比如，当地的官员家中有庆贺、吊唁等红白喜事，我们家一定要去；他们有公事需要地方乡绅出力时，我们家要参与，但不出头；他们请我们去打通上司衙门的关系，我们家丝毫不参与。从曾国藩举的这些例子来看，他希望曾家和当地的父母官能保持一定关系，毕竟父母官在湘乡还是有很大影响力的，“县官不如现管”嘛。但关系又不能过于亲密，过于亲密会招来太多麻烦事，如被请求捐款、疏通关系，甚至容易被朝廷怀疑结党营私。

这种若远若近、不亲不疏的关系的处理之道非常适合现代企业家学习。如今，企业家只要有所成就，就免不了和政府官员打交道，建立一些关系，而且还需要经营维护好这些关系，以免给自己的企业发展带来不必要的阻力。但企业家又不能和政府官员走得太近，走太近了，容易干涉政治事务，甚至不由自主地踩中权钱交易的陷阱，这就违背了企业家的正确定位。这种若远若近、不亲不疏的状态也是当下的新型政商关系的相处之道。对房地产开发商来说，由于需要和政府沟通的事项较多，融洽的政商关系就尤为重要，但这又容易导致开发商陷入行贿受贿的泥潭中不可自拔。政府与企业家的关系犹如“裁判”与“球员”的关系，既相互依存，又职责各异，应当有底线、有距离。若是经常体会曾国藩所说的“若远若近、不亲不疏”的中庸之道，那么将会是大有好处的。

无形之功不可说

然此等无形之功，吾辈不宜形诸奏牍，并不必腾诸口说，见诸书牍，此是谦字之真工夫。所谓君子之所不可及，在人之所不见也。

出自同治二年五月十六日的曾国藩家书。在这封家书中，曾国藩表扬曾国荃去年在南京牵制住了忠王李秀成和侍王李世贤，为左宗棠和李鸿章的军队在浙江和上海打开局面创造了良好条件。曾国藩认为这是无形之功，没有必要宣扬，更没有必要向皇帝奏报。“所谓君子之所不可及，在人之所不见也”，这句话出自《中庸》，原文实为“君子之所不可及者，其唯人之所不见乎”，曾国藩虽然引用不准确，但意思是到位的。曾国藩以这番君子之道勉励曾国荃，正如《论语》所言：“人不知而不愠，不亦君子乎？”

总的来看，曾国藩在这封信中探讨的是做和说的关系。有些人说得多，做得少，华而不实；有些人说得少，做得多，有君子之风。其实曾国荃的这种情况，说或者不说不只是君子作风的问题，还有得罪左宗棠和李鸿章的风险。如果曾国荃上奏，那就是争功，会打击左宗棠和李鸿章的工作积极性。他们也许会想，所有功劳都归曾氏兄弟，还有他们什么事呢？曾国藩是湘军领袖，是各路人马的黏合剂，细节之处所下的功夫可见一斑。

现代生活中，一个人做了事，哪些该说，哪些不该说，其实颇有学问。不说别人也知道的就不该说，说穿了反而味道淡了。比如说一些举手之劳，别人知道自己受了恩惠，不说也无妨；如果说出来要得罪别人，就更没必要说了。但如果是别人不知道的事，说说又何妨？

你做，或者不做，事情就在那里，不增不减；你见，或者不见，功劳就在那里，不悲不喜；你说，或者不说，情就在那里，不来不去。

唤至密室，恳切劝谕

即明知其哥老会，唤至密室，恳切劝谕，令其首悔而贷其一死。惟柔可以制刚很之气，惟诚可以化顽梗之民。

出自同治五年八月初十日的曾国藩家书。当时，湖南民间哥老会（一个秘密结社组织）兴起，许多湘军将领及曾经参加过湘军的兵勇都卷入其中。慈禧太后下令严查哥老会，湖南当地随即刮起了一阵肃查之风。面对上查下查、人人自危的局面，曾国藩对弟弟曾国潢说，要礼貌对待那些湘军将领，就算明知他是哥老会的，也应叫他到私密的场所，诚恳地规劝他，让他迷途知返、免于一死。曾国藩随后抛出了理论支持，大意是只有柔弱才可以克制刚狠之气，只有诚恳才可以感化顽固的民众。

其实完全就理论谈理论的话，柔弱不一定能克制刚狠。柔弱能制刚狠，一般都是有条件限制的。“水滴石穿”是《道德经》中用来说明柔能克刚的经典案例，然而那是在刚强者傻傻不动，任凭柔弱者击打的情况下发生的，是长年累月的效果。近几年频频爆出这样的消息，号称能以柔克刚的太极大师在擂台上对战出手快准狠的搏击选手，每次都以失败告终。其实不仅最近几年如此，自民国以来都不乏这样的例子。曾国藩对待太平军可不是以柔克刚，而是以暴易暴。后人阅读曾国藩或其他先贤的著作时，莫要望文生义，只抠字面意思，而应注重结合历史背景，在特定条件下去理解、领会其内涵。曾国藩在此信中大谈“以柔制刚”，无非是对那些参与哥老会的湘军将领们网开一面，放他们一马，不想让老部下寒心。这封家书中最有启发意义的不是“以柔制刚”，而是“唤至密室，恳切劝谕”这种沟通方法。

“唤至密室，恳切劝谕”这种方法比起在酒桌或会议室等公开场合上的泛泛之谈更有效果。社交活动中有个潜规则，即酒桌上只喝酒不谈事。饭局上的酒是为了拉近距离，培养感情，而不是用来谈正事的（一本正经地煞风景）。通过酒精的刺激和麻醉，人与人之间的距离拉近了，对业务的开展也更为有利。同样地，两个人在没有他人的私密场合，心理距离也会不经意地拉近。在他人在场的公共场合，言语行动间往往有几分表演的成分，在“密室”里则更容易敞开心扉，说出自己的真实想法。所谓“扬善于公庭，规过于私室”，也是这个道理。像班主任训话、领导找下属谈心一类的事情，大多发生在私下的场所。当你想劝说他人改变主意时，创造一个这样的“私密场合”，不失为一条妙计。

与人为善，取人为善

是日思为督抚之道，即与师道无异。其训饬属员殷殷之意，即与人为善之意，孔子所谓“诲人不倦”也；其广咨忠益，以身作则，即取人为善之意，孔子所谓“为之不厌”也。

出自同治元年三月初三的曾国藩日记。这一年曾国藩五十一岁，出任两江总督已有两年。身担重任的他，每天早饭后处理公务，入睡前阅读经典书籍。这一天，曾国藩会见了几拨客人，处理了公文，给两个弟弟回了信，晚间温习了《史记・项羽本纪》。也不知道什么因素触发了他的灵感，他反复思索做两江总督的道理，觉得做官与做教师十分相似。训诫下属，希望其好好做事，好比教师诲人不倦，这就是与人为善；广泛吸取别人的长处，集中到自己身上，身体力行圣人的品德而不感到厌倦，这就是取人为善。“与人为善”，是提高别人；“取人为善”，是提高自己。简简单单八个字，把人际关系概括得非常完整！

如果项羽能够取人为善，不断吸取谋士尤其是范增的意见，在鸿门宴中把刘邦消灭，那么大概不会有后来的垓下之败了。曾大人莫非是在读到项羽失败的时候有感而发?

作为儒家知识分子，曾国藩自然尊崇孔孟之道，然而他既潜心学习程朱理学，又包容陆王心学；既尊崇儒家，又兼容道家和法家。毫不夸张地说，曾国藩身上集中体现了中国传统文化的精髓。这是他不断取人为善的结果。

在这个世界上，有一种人可以不断从朋友甚至敌人身上吸取优点，进而转化为自己的优点。这种人，可以被称为超级学习者。如果这种人还能不断地向他人传播正能量，教他人进步提高，就有点接近于“领袖”的角色了。在最近（2019年5月）的中美贸易摩擦过程中，华为受到了美方的刻意打击，但是任正非面对媒体仍然承认美国产品（比如苹果手机）的优点，反映出他内心的善良和强大，颇有曾国藩的大帅风采。承认苹果手机的优势，华为在生产过程中吸收苹果手机的优点，这是取人为善；鼓励中国人使用质量好的手机，比如苹果手机，不要被狭隘的民族主义所蒙蔽，在一定程度上鞭策国内手机生产商不断奋进努力，这又是与人为善。

与人为善，取人为善。你的善良有多么强大，发展的空间就有多大!

群居守口，独居守心

大处着眼，小处着手；群居守口，独居守心。

出自曾国藩的自箴对联，撰写背景不详。

对联高手曾大师一生创作了多副自箴对联。这一副对联寥寥十六字，却意蕴丰富，发人深思。上联“大处着眼”强调眼界要开阔，处理事情、思考问题要有全局观念，能放眼宏观把握整体，这里的“大处”既是指大局上的运筹帷幄，也是指对未来发展的洞察；“小处着手”是说要从小事入手，重视细节，再大的事也需要从小事开始，一步一步完成。这其实是说做事的方法。下联讲的是做人的道理，点明修身养性之法。“群居守口”是指群居的时候只说该说的话而不妄自言语，比如不在背后议论他人是非，不好奇询问他人隐私，不强词夺理说违背良心的话，不用言语中伤他人，等等；“独居守心”涉及的是儒家思想中的“慎独”，指的是在别人看不见的地方独处，可以不依靠别人的监督，谨慎行事，经得住诱惑与考验，守住自己内心的底线。

人类是群居的社会性动物，在日常生活中总少不了与他人接触，可能是公司里，可能是学校内，可能是几个朋友之间，也可能是一个俱乐部的小群体里。这些时候“群居守口”，只说该说的话而不妄自言语尤其重要。据说有个主人请客，看着时间过了还有一大半的客人没到，便心里着急地说：“怎么该来的客人还没来？”一些敏感的客人听到后心想，难道自己不该来？便默默地走了。主人看到又走了一拨客人，更加着急，便说：“怎么不该走的客人反倒都走了。”剩下的客人一听，心想：“走了的客人不该走，那我们没走的才是该走的了！”于是就都走了。这个故事教育我们要“群居守口”，切莫不分场合、不分对象而胡乱言语。说者无意听者有心，妄自言语可能造成本不该发生的后果。一鸣惊人这种事，不太可能发生在夸夸其谈、经常“鸣”的人身上，而常常发生在言语不多却能在适当场合发言、一语中的的人身上。

修身、齐家、治国、平天下。修身作为第一步，也是关键的一步，而“独居守心”是修身的核心内容，也是一种境界。曾国藩非常重视修身，认为独居应该守心。他每天写日记，对一天的事务事无巨细一一记录，在日记中进行自我反省——做事是否尽心尽责，做人是否诚实有信，等等。曾老爷子活生生地把日记写成了忏悔录，这何尝不是对自我的一种监督与对自己内心的坚守？在法律或者群众的监督下，或许很多人能够守住底线，不违法、不违纪、不做亏心事，但是在独居时，在别人看不见的地方，还能经受得住诱惑与考验吗？还能守心吗？答案在每个人的心中。东汉名臣杨伯起“暮夜却金”的故事流传千古。面对王密深夜暗赠的十金，他义正词严，拒而不受。时至今日，他的话依然回响在多少人耳边？“岂可暗室亏心，举头三尺有神明，此事天知、地知、你知、我知，何谓无知？”

群居守口，不妄自言语，谨言慎行，与人相处乐融融；独居守心，不逾矩不亏心，守住底线，做人做事坦荡荡。

第三章

事功为政

书虽不可不看，弟此时以营务为重，则不宜常看书。凡人为一事，以专而精，以纷而散。荀子称“耳不两听而聪，目不两视而明”，庄子称“用志不纷，乃凝于神”。皆至言也！

克勤小物，乃可日起而有功

治军总须脚踏实地，克勤小物，乃可日起而有功。

出自咸丰八年正月十四日的曾国藩家书。他告诉弟弟曾国荃，治军必须脚踏实地，勤勤恳恳地做好每一件小事，这样才能每天有进步，处理好军务。朱熹曾说过“铢积寸累，久自见功”，作为程朱理学门徒的曾国藩深感其然，他不要求弟弟有什么奇谋妙计，而是希望弟弟在治军时注意小事小物，认真踏实，每天进步一点点。

清代彭端淑的《白鹤堂文集》中的“为学”篇讲了一个小故事。四川边境有一穷一富两个和尚。穷和尚想去南海，富和尚问他怎么去，穷和尚说：“我带个水壶和饭碗去。”富和尚说：“我想了几年要雇船去都没去成，你怎么去得了！”第二年，穷和尚从南海回来，把经历告诉富和尚，富和尚面露愧色。穷和尚想去南海，带着一壶一钵就出发，一步一步完成了千里之行。富和尚也想去南海，总想着找捷径一下子抵达，却从不踏出第一步，终在幻想中长吁短叹。不积跬步无以至千里，从小事做起，虽不能一蹴而就，却可能一点点接近目标。这与曾国藩的“克勤小物，乃可日起而有功”有异曲同工之妙。

所谓的走捷径、立地成佛式的顿悟并不存在于现实中。有些人自认胸怀大志却不肯从小事着手，空有一腔抱负而无法将其实现；有些人想要减肥，在各大健身App（应用程序）上收藏各类减肥视频，然而却是“收藏”等于“已练”，没有做出哪怕是一小步的行动。也有人脚踏实地，体会到克勤小物的优势。外卖小哥雷海为爱好诗词，尽管工作繁忙，但他每天都会在送餐之余挤出时间读诗给自己“充电”，这样日复一日的积累，使他在《中国诗词大会》第三季总决赛中夺得桂冠。

合抱之木，生于毫末；九层之台，起于累土；千里之行，始于足下。人生各事皆是如此，踏踏实实做好每件小事，一步又一步，才能量变引起质变，成就大事。

今天你进步了吗？

真情实意还需文饰

凡与人晋接周旋，若无真意，则不足以感人；然徒有真意而无文饰以将之，则真意亦无所托之以出，《礼》所称无文不行也。

出自咸丰八年正月十四日曾国藩写给曾国荃的家书。他说，老九啊，和别人打交道，没有真情实意是不能够感动别人的，但只有真情实意而没有文饰，情意也无法表现出来，这就是《礼记》中说的“无文不行”。曾国藩还回忆道，自己过去只讲真情实意，不讲究文饰，到处沟通不便，最近才明白自己以前所犯的错误。曾国藩用自己的经验教训总结出一条人际交往的黄金法则：与人交往不仅要真情实意，而且要注重礼节形式、讲究文饰，以传达自己的心意。简言之，就是既要真诚，又要会说话。

相传，朱元璋做了皇帝后，一个儿时的小伙伴来找朱元璋，一见面就万分激动，在大殿上指手画脚地说：“万岁，还记得吗，咱俩以前天天一起放牛。有一次，我们在芦花荡里用瓦罐煮偷来的豆子，还没煮熟大家就抢着吃，结果打破了瓦罐，豆子撒了一地。你光顾着从地上抓豆子吃，把红草根也吃进嘴里，被噎住了，还是我让你吞下一把青菜才把红草根带进肚子里……”朱元璋羞愧难当，没等他说完就喊道：“拉下去斩了！”另一个小伙伴也来找他，一进大殿就大礼下拜，说：“我主万岁！当年微臣随驾扫荡庐州府，打破罐州城。汤元帅在逃，拿住豆将军，红孩子当兵，多亏了蔡将军。”朱元璋心里一高兴就封他做了大官。其实两个小伙伴说的是同一段经历。只是后者说得委婉得体，勾起朱元璋的旧情，还让人听起来像是讲当年的体面事迹。而前者说得直接露骨，让九五之尊朱元璋在大臣面前颜面扫地，把朋友见面的喜事活生生地变成了自己的丧事。

虽然上述故事只是民间演义，传递的道理却包含着深刻的世俗智慧。不只是古代，在今天仍有一些说话缺乏文饰的人。比如，你可能会见到一些人总是不顾场合、忽视他人情绪、口无遮拦地讲了伤害别人的话，还说：“我这个人比较实在，说话直，别介意。”这些人即使没有恶意，也可能因为过于直白而鲁莽无礼，让人渐渐疏远他们。也有一些所谓刀子嘴豆腐心的人，明明是为他人着想，而说出的话总是犀利噎人，虽出于好意却容易让人误会、反感。真心实意地为他人考虑，却不注意表达方式，类似于九十九拜之后那一哆嗦不到位。其实语言是一门艺术，同一个内容，可以有多种方式表达。文饰是运用语言的一种技术，根据不同的场合、对象，考虑别人的感受，选择得当的表达，可能让你的人际交往更加顺畅。例如，提质疑或给建议的时候，欲抑先扬，用委婉的方式，先肯定别人的优点再提出自己的意见，让别人感受到自己的真心实意，然后更容易接受自己的观点。

真意＋文饰，与人交往，缺一不可。

居官以耐烦为第一要义

昔耿恭简公谓居官以耐烦为第一要义，带勇亦然。

出自咸丰八年二月十七日的曾国藩家书。在这之前，曾国荃写信给大哥发牢骚，自己辛辛苦苦为大清朝打仗，却还要对军营里的满族人卑躬屈膝，仰人鼻息，“仰鼻息于傀儡膻腥之辈，又岂吾心之所乐”。看到弟弟内心燃烧着不耐烦的小火苗，曾国藩生怕出乱子，赶紧提起一桶水浇灭，告诉弟弟做官最重要的是耐烦，带兵也一样。他说自己的短处也在这里，于是恳切告诫，希望弟弟谨记于心。曾国藩在给弟弟或者儿子提建议的时候，通常先说自己的短处是什么，然后让对方也引以为戒、加以改正。常规套路，这次也不例外。

做官提升地位的同时，也伴随着数不尽的繁杂公务和人际关系。因而，做官必须装上“耐烦App”。每天听汇报、办公务，可能还要读读群众意见箱里的书信，事情处理完一件还有下一件，这时候一键启动“耐烦App”，在众说纷纭中认真倾听民声，在重复枯燥中坚持为民做事。至于官场上的人际交往，“耐烦App”更要时刻在后台运行，海纳百川，容忍他人之不足，容纳不同意见，处理好与上下级、同僚之间的关系。如果没有耐烦的功夫，则可能三言两语就与人闹翻，处处掣肘。

大凡要成点大事，总有些烦心的小事时不时地拦在路上。就算开个小饭店，也有消防、卫生等各种执照要办理、要年检。生意好了，税务部门来核定税务，甚至有地痞流氓来捣乱。跟消防打交道太烦，跟卫生部门打交道太烦，跟地痞流氓斗太烦，总之，跟人打交道太烦！为了不用跟人打交道，那只有炒股不烦。人人都来炒股？谁去做那些麻烦的职业？可惜炒股还亏钱，也烦！

转了一圈，才发现这世界上根本就没有不烦的事。既然改变不了世界，那就只能改变自己。学习时耐烦，背诵一个个单词，记下一条条公式。练字时耐烦，静下心来，一天又一天，一个字又一个字，重复临摹书写。旅游时也要耐烦，哪里有景点，哪里有出租车，哪天下雨，哪天刮风，仔细做好攻略才能玩得尽兴。

聪明太露，多谋多改

恭亲王之贤，吾亦屡见之而熟闻之，然其举止轻浮，聪明太露，多谋多改。若驻京太久，圣驾远离，恐日久亦难尽惬人心。

出自咸丰十年九月初十曾国藩给弟弟曾国荃的家信。在这封家信中，曾国藩严正指出弟弟的书信里有太多“一手遮天之辞，狂妄无稽之语”。这是曾国藩批评弟弟曾国荃最狠的一次。究竟弟弟的书信有多狂妄呢？可惜由于曾国荃的这封书信遗失，我们永远无法得知了。可能是此时的曾国藩手握重兵，贵为两江总督，节制四省军事，于是弟弟曾国荃有些飘飘然了？可能是此时的咸丰皇帝被英法联军赶到河北，只有恭亲王留守北京对付洋人，曾国荃便产生用恭亲王替代咸丰的想法了？不管怎么样，曾国荃的书信肯定是赞扬了恭亲王。而面对曾国荃的赞扬，阅人无数的曾国藩显得更加老练、深刻和沉稳。曾国藩觉得，虽然恭亲王办事能力很强，但是他聪明得太明显，而且主意变化太快，难堪大任。这里的恭亲王就是奕䜣，他当年就住在朗润园，即现在的北京大学国家发展研究院的办公地址。应该说，恭亲王还是很有能力的。比如，他帮助慈禧太后发动辛酉政变，废除八位顾命大臣的权力之后，重用曾国藩等人开展洋务运动，对清廷自强起到很大作用。但是，奕䜣在同治四年即遭慈禧太后罢黜。之后他屡遭罢黜，又屡获起用，死后谥号“恭忠亲王”。为什么朝廷认为他很忠心，却又经常罢黜他呢？因为他太有能力了，尤其是外国人很喜欢他，比如美国外交家杨约翰就称赞他是一个“机敏的男人”。他看起来太聪明，又变化太快，经常让人感到意外，因此哪怕他心里是忠心耿耿，最高统治者还是担心他会成为一个威胁。看起来太聪明的人，和别人在一起开会，就显得别人不聪明了，别人难道不担心吗？多谋多改，变化多端，这就更让人不放心了。相人大师曾国藩真是一语中的。

天下古今之才人，皆以一傲字致败

天下古今之庸人，皆以一惰字致败；天下古今之才人，皆以一傲字致败。

出自咸丰十年九月二十三日的曾国藩家书。平庸的人，多数因为懒惰而失败；有才华的人，多数因为骄傲而失败。在这封家书里，曾国藩主要询问了弟弟曾国荃，其军营中的将军们是否有骄气。所以，这句话的重点还是在戒骄。这句话是针对当时李元度在徽州大意失败之后的感慨，是针对曾国荃过分自信的性格而言，也是曾国藩的自勉。在之后的几封家书中，曾国藩又多次提到什么是骄傲，比如嘲笑他人。曾国藩甚至说，要去掉骄傲，以不取笑他人为第一要义，“欲去骄字，总以不轻非笑人为第一义”。

骄傲之所以难去，是因为这是人性使然。人活着，总是希望得到别人的认可。小孩子，天真无邪，只要获得大人的赞美就很开心。所谓的认可或者赞美，是对自己的认可或者赞美，都是相对别人的表现而言。比别人做得好，才会获得认可或者赞美。接受赞美和肯定者，心里自然认为自己在某方面比别人优秀。既然认为自己更优秀，那么也就认为别人更差了。既然别人更差，那么直接说出来，骄傲就产生了！所以，从逻辑上来说，骄傲和自信是不可分割的孪生兄弟。按照一般的逻辑，看重自己多半就会看轻别人，自信多数可以推导出骄傲。

如何避免骄傲呢？那就是不要把“否定他人”这点表现出来。语言上不要说出来，表情上不要表现出来，这就是不骄傲。虽然自信，却不伤害他人的感情，这是涵养，也是善良。有些人甚至连肯定自己的话都不说，这就算谦虚了。肯定自己也好，否定他人也好，只要不表现出来都算适可而止。

《易经》六十四卦中的每个卦，都是由六条爻（实线或者虚线）组成，相当于每个卦分为六种情况进行分类讨论。有些卦总体不错，但也有不利的情况。比如乾卦，总体是不错的，刚健有力，但最后一种情况就是“亢龙有悔”，提醒人们不可过于刚健。只有谦卦的每一种情况都是吉利的。这就说明，在祖先的眼里，谦虚是宇宙间最好的品德。谦卦的卦象是山在地下。本来山比地高，此卦卦象的山却甘居其下，会意为谦虚。其卦辞有云：“谦谦君子，卑以自牧也。”以此共勉！

人所以稍顾体面者，冀人之敬重也

尔等在家却不宜过露痕迹，人所以稍顾体面者，冀人之敬重也。

出自同治元年五月二十四日曾国藩给儿子曾纪泽的家书。曾国藩的几个女婿多数不成器，其中数袁秉桢（曾纪静的丈夫）最没出息。他成日游手好闲，寻花问柳，气得大舅子曾纪泽写信向曾国藩告状。曾国藩收到信后，大为震惊，但他还是冷静下来安抚孩子，让孩子们在家中不露痕迹，不要过于直接、公然地批评袁秉桢。曾国藩解释道，一个人之所以顾及自己的体面，是希望别人敬重自己，倘若别人不敬重自己，此人会有“破罐子破摔”的可能。曾国藩的这种态度是正确的，不幸的是，袁女婿太不争气，曾国藩如此用心良苦，也无济于事。尽管如此，曾国藩所说的处理此类问题的方式还是值得借鉴的。

以教育孩子为例。一个小孩犯错，父母或老师可能会当众批评他。孩子可能会引以为耻，下不为例，这也是父母或老师所期待的。批评一两次可能还有效果，但批评次数多了，孩子觉得自己的体面都丢尽了，就开始怀疑自己是否是个彻头彻尾的坏孩子，并产生“破罐子破摔”的想法，成为失败教育的牺牲品。而浪子回头的诱因，往往是那些对他释放善意的人给予的鼓励或启发。

其实成年人更加讲究、顾及自己的体面。当一个成年人因为某种原因经常被身边的人赞美，他就会在那些方面继续做好，维持大家心中的好形象。和成年人交往时，碰到矛盾尽量不要撕破脸，而是要照顾对方的体面，以使事态往好的一面发展。

我们所处的社会是个人情社会，十分盛行“酒文化”。在酒桌上，别人敬你酒，你喝了，就是给别人面子。尤其当你是领导时，更是照顾了别人的体面。而被给了面子的人，往往会在下一轮敬酒或者在其他方面有所表示。酒桌上如此，世事也如此。对很多人来说，没什么都不能没面子。

权位所在，不宜发之太骤

权位所在，一言之是非，即他人之荣辱予夺系焉。弟性爽快，不宜发之太骤。

出自同治二年七月初一的曾国藩家书。在这封家书中，曾国藩主要教弟弟曾国荃如何写奏折。在信的末尾，曾国藩提到两个彼此积怨颇深的朋友，并提醒弟弟对这两个人互议对方的话语，要有自己的判断。弟弟现在位高权重，随便一句话都可能影响别人的荣辱。考虑到弟弟大大咧咧、性格豪爽，曾国藩就告诫他，判断的话不要说得太快，要谨慎。曾国藩曾经评价李鸿章很有才干，其中一点就是不轻易发布指令。他之前还评价“湘军战神”李续宾“不轻进，不轻退”，也就是说他不轻易进攻，也不轻易退却。

位高权重者或者有一定知名度的公众人物，轻飘飘的一句话可能就决定了另一个人的荣辱甚至命运，所以需要谨言慎行。居于高位的政府官员通常能够谨言慎行，他们说话的速度都比常人要慢些，因为他们经常代表政府表态，一句话能影响到社会上很多人的生活，辐射范围广。说话口无遮拦的、只图一时嘴快的性格，恐怕无法在公务员体系中待得太久。

企业家群体通常比较豪爽，私下里议论朋友甚至抱怨他人的情况司空见惯。但是企业家是其公司员工的最大影响者，他的言行措辞深刻影响着员工的收入以及员工对公司的期望。在日常工作中，企业家更改规章制度、提拔下属等都须把握分寸，不宜发之太骤。有一些知名企业家不仅能影响本公司的运行，还有较大的社会影响力，言行举止更宜三思而后行。

打得通的便是好汉

困时切莫间断，熬过此关，便可少进。再进再困，再熬再奋，自有亨通精进之日。不特习字，凡事皆有极困极难之时，打得通的，便是好汉。

出自同治五年正月十八日的曾国藩家书。这是曾国藩对自己儿子曾纪鸿的劝勉。在信中，对于曾纪鸿学习柳帖《琅琊碑》这件事，曾国藩用自己习字的经历，即习字历时之久、过程之艰辛来勉励曾纪鸿，熬下来就能够有所精进，并且点出不仅仅是习字这件事，做什么事情都有“极困极难”的时候，只要能够坚持下来，打通了，就能有所收获，就是好汉一个。这其实是贯穿曾国藩生命长河的人生哲学。曾国藩的起点不高，他出生于平凡的家庭，考了多次才考上秀才。1851年太平军起义，带着“杀马特”的红包头造型，来势汹汹无人可挡，清朝政权岌岌可危。曾国藩组织团练带兵平叛，在十一年的奋战中，多次陷入困境甚至绝境，然而他坚信“打得通的便是好汉”的人生哲学，结硬寨打呆仗，步步为营，最终挽救清廷于风雨飘摇中。

人生苦难繁多，有人坚持，有人退缩。如今快节奏的社会机会多、诱惑多、竞争也多，可在这样一个复杂喧嚣的环境下，有多少人能坚持自己的理想与信念呢？在遇到困难的时候，有些人萎靡不振，觉得自己没有希望了，选择了放弃；有些人自暴自弃，怼天怼地怼空气；有些人觉得“城里套路深，我要回农村”，此路不通选择走另外的路，而后在另外的路上遇到困难，就又收拾包裹走人，最后兜兜转转，一无所获，在任何领域都只是个“局外人”，身无长物。别人是条条大路通罗马，他们是浅尝辄止，条条大路走一半。这些人终其一生也无法体会到在经历“山重水复疑无路”的艰辛后，“柳暗花明又一村”的惊喜。

追溯古代，放眼现今，不管是带兵打仗平定叛乱，还是运筹帷幄创建家国，抑或是读书、习字、学乐器等大事小事，只要目标坚定，耐得住性子，坚持下来，一步一个脚印，通常就能有所收获，成为打得通的好汉。

打脱牙和血吞

然困心横虑，正是磨炼英雄玉汝于成。李申夫尝谓余怄气从不说出，一味忍耐，徐图自强，因引谚曰“好汉打脱牙和血吞”。

出自同治五年十二月十八日的曾国藩家书。曾国荃担任湖北巡抚后，奉命剿捻却出师不利，接连丢了云梦、孝感等好几个城市，受到朝廷不留情面的训斥。曾国藩得知此事之后，就开导弟弟说，困难的时候正是英雄磨炼的大好时机。曾国藩还在信中细细盘点自己的“黑历史”，如被京师权贵唾骂、被湖南官场排挤等，调侃自己感到憋屈的时候就从不说出来，一味忍耐，表面上波澜不惊，实则暗地里咬定牙根，发愤图强。后来曾国藩的好友李申夫用了句湖南俚语“好汉打脱牙和血吞”，精辟地点出了曾国藩的状态。曾国藩用自己的亲身经历来勉励弟弟，希望弟弟不要把失败归咎于运气不好，而应该像一名真正的好汉，咬定牙根，徐图自强。

宋代诗人释志璇的《偈五首》中有句诗曰：“荆棘林内翻身，雪刃丛中游戏。”大多数人终其一生，都是平淡度日，很少碰到需要在荆棘林中翻身度日的艰难困苦。如果一个人学习某种技能遇到了困难，还算不得是“打脱牙”。若是碰上了艰难险阻，还被对手击败，受尽周边人的挖苦嘲笑，那就颇有“打脱牙”的味道了。这样的情况在日常生活中并不多见，一旦发生，往往就预示着事态严峻。

结硬寨，打呆仗

臣不善骑马，未能身临前敌亲自督阵。又行军过于迟钝，十余年来但知结硬寨、打呆仗，从未用一奇谋、施一方略制敌于意计之外。

出自同治五年十月十三日的曾国藩奏章《病难速痊请开各缺仍留军中效力折》。曾国藩不善骑马，又不能到前线亲自督阵，行军速度慢，十几年来，只知道建造坚固的营寨，硬碰硬地打仗，从来没有用过出人意料的奇谋妙计。

研究曾国藩，却也没有必要神化曾国藩。如果没有平定太平天国运动这件大事功，他也就是个普普通通的清代高官。与祁寯藻、彭蕴章、翁同龢、倭仁这样的人相比，他还不一定更加优秀。曾国藩之所以是名留千古的曾国藩，最重要的是因为他平定了太平天国运动，而他身上最重要的性格就是“拙”与“和”。

曾国藩在军队调度上也没有任何过人之处，这点从三河镇战役可见一斑。三河镇战役惨败，是在胡林翼回家奔丧、领导缺位的情况下发生的。现在的读者回顾起来，会觉得李续宾好像犯了一个低级错误，孤军深入了。其实李续宾在出发前和曾国藩见过面，聊过很多，曾国藩并没有指出这是孤军深入的行为，会非常危险，只是在细节上提醒了几次。

曾国藩在咸丰八年九月二十一日给李续宾的书信中说，希望李续宾能与水军挨得近些，以便粮草供应。“贵军与水师处处相依，米粮、子药庶几易于运解。”

曾国藩在咸丰八年十月十三日给李续宾的书信中说，大关山很高，南北气候差异大，并向李续宾询问士兵们是否水土不服，有没有生病。“犹记大关一山恍判南北。自大关以北，俨若淮北风景；自大关以南，俨若江南风景。不知湘勇至舒以北，尚服水土乎？无疾疫否？”曾国藩还说，不要北向定远，应该先把安庆打下来，与水军会合，再打合肥下游。“不宜北向定远，亦不宜分兵北行。必须安庆克复，与杨、彭水军会合，乃可徐图下游耳。”

另外，曾国藩在咸丰八年十月十七日给李续宜的书信中说，之前通过给弟弟的书信转告李续宾，让他不要远离水师，不要分兵太多。“不宜远离水师，以固根本；不宜徇人情面，而分兵力。”而此时，李续宾已经阵亡好几天了，只是曾国藩还没得知。

上述这些提醒，体现了曾国藩一贯的稳健风格。李续宾的确也没有北向定远，而是进军巢湖附近的三河镇。曾国藩得知此事时，并未觉得有什么不妥，反而说只有快速拿下三河镇，才能势如破竹。

“此处早下，则破竹之势可成，皖北、淮南早晚当报肃清矣。”（咸丰八年十月十七日）

事实上，当李续宾抵达三河镇的时候，陈玉成、李秀成的大部队已经在赶往三河镇的路上，一部分捻军也正奔向三河镇，十多万敌军正在向李续宾靠近，快速包围了李续宾的部队。在这种情况下，可能由于大雾，李续宾不知道太平军兵力有多少，仍然按照过往的经验猛攻，导致战役迅速惨败。如果李续宾此时采取防守策略，多坚持几天，结果恐怕又有不同。同治元年，曾国荃的两万湘军在南京城下孤军奋战，抵挡李秀成的二十万大军，就坚持了四十六天，保存了实力。李续宾是百战百胜的湘军将领，而且湘军的战斗力非常强，一般情况下，猛攻也并无不妥。然而，这一次不是一般情况，陈玉成和李秀成的太平军加上捻军一共有十多万人呢！

有人说，三河镇战役惨败要怪湖广总督官文没有及时发救兵。但官文可能也不知道太平军的兵力，毕竟按照往常经验，李续宾总是赢的。太平军来得如此之快，如此之多，这点官文没有想到，曾国藩没有想到，当事人李续宾也没有想到。

三河战役惨败的时候胡林翼缺位，那么曾国藩在干什么呢？曾国藩没缺位啊！我试图找到一些资料能够证明曾国藩规劝李续宾不要冒进的只言片语，可惜没有找到。这可能说明曾国藩在战略规划方面，并无过人之处。

有学者认为，是曾国藩的战略定力取得了安庆之战的决定性胜利。其实围攻安庆的时候，曾国藩曾经一度想撤掉安庆之围。由于湘军本身的粮草不够，而安庆的太平军可以从洋人处购买粮食，这就给战争增添了一些变数。曾国藩拿下安庆的决心动摇了，于是给曾国荃写信，叫曾国荃做好改变计划的打算。他还引用了曹操与袁绍官渡之战的案例，说他也知道安庆就像官渡一样，是兵家必争之地，可是粮草接济不上，就不得不考虑改变计划。“无奈饷项全无所出，不得不思变计。”关于变计的时间，他让曾国荃自己看着办。

曾国藩的现场指挥水平比较弱，这点已经被他亲临战场的几场败仗证明。从以上的论述可以看出，他的战略水平也无过人之处。那么，曾国藩真正的过人之处在哪里呢？

大多数学者说他识人能力较强，知人善任。但他提拔的沈葆桢、左宗棠后来都跟他对着干。他的好朋友郭嵩焘，后来去广东帮他筹粮，也没有什么大的贡献。胡林翼、李鸿章、左宗棠、塔齐布、罗泽南、刘松山都曾经是他的下属，这没错，但是识别这些人才，是否需要特别的识人能力？这些人的出彩，大多数是时势所造就，在事实中证明了能力，曾国藩只是给他们公正的认可而已。他所说的用人方法，比如“广收、慎用、勤教、严绳”也是普通的大道理，并无特别之处。有人说曾国藩会麻衣相术，可是查看曾国藩的著作，其相人多从精神气质和事实上看，也并无特别之处，更无神秘之处。

要说他筹办湘军具有很强的开创能力，可是江忠源的开创能力一点也不比他差。江忠源出身于一个大地主家庭，自己筹钱募集兵勇，在蓑衣渡战役中创造了佳绩，还消灭了太平军的创始人冯云山。但后来江忠源在安徽受到太平军猛攻，牺牲了，也就是说从战场上出局了。而曾国藩带领他的湘军从太平军比较薄弱的湖南地区出发，慢慢往下游打，打的过程中以“结硬寨，打呆仗”作为重要战略思想，所以他一直没出局，这股力量一直在战场上活跃着。

江忠源出局了，罗泽南出局了，李续宾出局了，不久胡林翼也出局了，一直在“局”里活着的，反而是曾国藩！一直大规模地、有战斗力地活着，这便是曾国藩的特别之处。从咸丰二年到咸丰十年，相当长的一段时间内，曾国藩对湘军都没有绝对的控制权，但是他有很高的威望，加上他又活得久，所以威望与日俱增。曾国藩虽然创办了湘军，却经常发生某一支湘军被别人指挥的情况。比如李续宾这支湘军，一开始被罗泽南指挥，后来就换指挥官了。然而老爷子是创始人，罗泽南、李续宾、刘长佑、左宗棠、李鸿章、胡林翼都是他的老部下，大家都觉得他“人还不错”，所以曾国藩在湘军中享有很高的威望。曾国藩本来就是理学大家，个人修养非常好，因此人缘也很好。虽然他曾经检讨自己得罪了某某人，但是总体上他的人缘还是非常不错的。他检讨，只是他严于律己而已。尤其是咸丰八年重新出山后，曾国藩的人缘更好了。当江南大营第二次被攻破，形势再次危急的时候，由于曾国藩的巨大声誉和影响力，咸丰皇帝最后不得不倚重他，任命他为两江总督，节制安徽、江西、江苏、浙江四省兵力。不用曾国藩，用别人，行吗？不行！要有人能服众，否则将士们不听指挥啊！除胡林翼之外，别人没有他那么有号召力，而胡林翼又是曾国藩的"铁粉"，铁了心要给曾国藩更大的平台。于是，平定太平天国这个最显赫的功劳迟早要落在曾国藩的头上，成为一代圣人的最重要的条件就此形成。

所以说，曾国藩的品质的最大优点就是"拙"与"和"。"拙"就是以自保为基础的"结硬寨，打呆仗"的战略思想。"和"就是团结一切可以团结的力量，包括家族的力量、同僚的力量和上级的力量。这才是曾国藩最与众不同之处。至于其他战略、战术和用人能力，都不见得有明显过人之处。能够做到"拙""和"这两点，组织就能在战争博弈中一直生存着，并逐步壮大。剩下的事，就是等着对手犯错误，而我继续"拙""和"、继续壮大！纵观整场太平天国战争，其实就是这么回事！当然，"拙""和"也不是我的发现，蒋介石也是用"拙""和"来概括曾国藩的。

其实，企业的发展也是如此。你需要做的可能仅仅是有规模、有质量地活着，团结一切可以团结的力量，然后等着竞争对手犯错误，使形势慢慢向于自己有利的方向发展。

人要随才成就

人要随才成就，才是其所能为。如夔之乐、稷之种，是他资性合下便如此。

出自《传习录·上》。学生陆澄问王阳明，是否要预先研究事物的名称、作用、度量等知识。王阳明告诉他存养心体才是最重要的。要是存养心体能达到“未发之中”的境界，对事物就都能触类旁通了，否则的话，再怎么研究事物也只能是个花架子，遇事没有半点作用。当然，这并不是让陆澄全然不讲究事物的知识，而是要知道何者为先、何者为后。王阳明还说，人要根据自己的才能去发展事业，这样才能有所成就。他以夔（舜的乐官）、稷（尧舜时期主管农事的官）为例进行说明。夔、稷分别在音乐、农事上能有所成就，就是因为他们的天性适合做这样的事情。

在王阳明看来，人的才华是心灵中的天理所投射出来的。心灵中的天理越多，人所具有的才华就越多。如果心中没有私欲，纯粹都是天理，那么人甚至可以不被具体的才能束缚，能干很多事情。

就算让做音乐的夔和种地的稷交换工作，也是没问题的。

不得不说，王阳明有时说话过于极端。就算陆澄心中满满都是天理，但让研究心学的他和打篮球的姚明交换工作，情况会怎么样呢？恐怕陆澄连拿到球的机会都没有吧。

但是对一个已经具有一定知识和经验储备的人来说，王阳明“随才成就”的观点就非常具有参考价值。因为这些人随着年龄的增长，积累了一定的知识与经验，思维上已经形成了某些定式。尤其是四十岁以后的人，其思维定式和经验储备会深深影响其未来的职业发展。那么对这些人来说，如何认识自己，发掘内心深处的才华，发挥自己的优势，就是人生规划的重中之重。擅长搞生产的人，就好好搞生产；擅长干贸易的人，就尽情干贸易；擅长做学术的人，就埋头做学术。将优势发挥到极致，将事业发展推向高潮。

破山中贼易，破心中贼难

“破山中贼易，破心中贼难。”区区剪除鼠窃，何足为异？若诸贤扫荡心腹之寇，以收廓清平定之功，此诚大丈夫不世之伟绩。

出自《与杨仕德薛尚谦书》。这是王阳明写给弟子杨骥（字仕德）和薛侃（字尚谦）的一封信。据王阳明弟子钱德洪、王畿在《王阳明年谱》中考证，此时的王阳明刚刚平定福建漳州、汀州和江西横水、桶冈的贼寇，已经抵达江西龙南县，马上要去俐头寨剿匪。启程前在给弟子杨骥、薛侃的信中，王阳明说，想要打败山中的贼寇容易，但是想消除他们心中的贼寇很难。这些小贼寇何足挂齿？如果诸位贤能人士能肃清他们心中的贼寇，这才是大丈夫非凡的功绩！

山中之贼是有形的，易于察觉；心中之贼是王阳明的一个比喻，是无形的，难以察觉。那么现代生活中的心中之贼究竟是什么呢？人类与生俱来的喜怒哀乐等七情六欲，就是心中之贼的根源。人不是槁木死灰，如果没有七情六欲，那做人还有什么意义呢？但是七情六欲过分了，就会变成心中之贼。以愤怒这种情绪举例来说，人看到不合理的社会现象，自然会感到愤怒。但是如果过于愤怒，因愤怒而失去理智，就会影响健康。科学实验表明，一个人怒火中烧持续十分钟，便会分泌出有毒物质，其毒素甚至能毒死一只小白鼠。愤怒不仅等于慢性自杀，还会让人判断失误。比如有些新股民，看到自己的股票不断下跌，通常会加仓来摊低成本。屡次加仓后，还是下跌，他们可能会逐渐愤怒。继续加仓、继续下跌时，他们可能会怀疑有个庄家躲在屏幕后跟自己作对。到这个环节时，就会像鲁迅先生说的一样："我终于出离愤怒了。"越买越跌，越跌越买，甚至把全部家当压上去，造成更大的亏损，这就是愤怒让人失去理智的后果。

《中庸》里说："喜怒哀乐之未发谓之中，发而皆中节谓之和。"意思是一个人处于平静的状态就是中，遇到事情情绪恰到好处就是和。"致中和"是一种中庸的思想。"中和"是人类心灵的最好状态，如果一个人能做到"致中和"，就去掉了心中之贼。

曾国藩也有心中之贼。据说他年轻的时候，比较好色。有一次去朋友海秋家，他看见海秋漂亮的小妾，忍不住进行言语调戏。所谓"好好色，恶恶臭"，喜爱看美好的颜色，不愿闻恶臭，是人的本性，并没有错。但是越过了一定限度，就有错了。"发乎情，止乎礼"，是"致中和"。曾国藩事后在日记中检讨，是自己逾越了"中和”的界限。还有一次，咸丰四年二月，曾国藩在靖港战败，悲愤交加，一度想要投河自尽。按照王阳明的说法，这就是过分悲伤了。战败了感到悲愤是天理，但是投河自尽后，谁给国家尽忠，给父母尽孝呢？自杀是不理智的逃避行为，儒家知识分子是反对自杀的。连曾国藩这样修为极好的人都控制不了情绪，时不时地让心中之贼溜出来，足以可见破心中之贼有多难了！

康有为说：“言心学者必能任事，阳明辈是也。”如果能破掉心中之贼，那么还有什么外界之贼是破不了的呢？

人须在事上磨，方立得住

是徒知静养而不用克己工夫也。如此，临事便要倾倒。人须在事上磨，方立得住，方能“静亦定，动亦定”。

出自《传习录·上》。陆澄问王阳明，静守的时候觉得自己想法很好，但一遇到事情就不这么想了，这是为什么？王阳明回答他，这是他只知道静心修养，但没有在克己上下功夫的缘故。这样的话，遇到事情就难以站稳脚步。人必须在具体的事情上磨炼，才能站得稳，才能做到无论是静养还是做事，都能保持内心的安定。

弟子陈九川向王阳明请教静坐用功的事。王阳明说，人在具体的事情上磨炼、下功夫才是有益的。如果你一味喜欢安静，遇到事情就慌乱，最终也不会有什么长进。你静心时的功夫看上去好像是收敛，实际上只是放纵沉溺罢了。“人须在事上磨炼，做功夫乃有益。若只好静，遇事便乱，终无长进。那静时功夫亦差似收敛，而实放溺也。”

那么在王阳明的心里，究竟怎么样才是用对了静坐的功夫呢？他在教育刘君亮时给出了答案。他说，如果你用厌弃外在事物的心去追求安静，反而会养成一种骄傲怠惰之气。如果你不厌弃外在的事物，又在安静的环境中涵养自身，倒是挺好的。“汝若以厌外物之心去求之静，是反养成一个骄惰之气了。汝若不厌外物，复于静处涵养却好。”

王阳明的心学跟佛教禅宗的最大区别是，王阳明强调在事上磨炼，积极入世，改造世界，这也是他和陆九渊的最大区别。王阳明年轻时一度喜欢佛教，到三十岁时慢慢感悟到佛教存在的问题。第二年，他在杭州走访虎跑寺等一些寺庙时，听说有位禅宗高僧已经不说话不睁眼静坐三年了，于是走到他身边，突然大喝一声：“这和尚终日口巴巴说甚（什）么！终日眼睁睁看甚（什）么！”和尚吓了一跳，睁开眼睛。王阳明问他家里还有什么人，和尚说有母亲在。王阳明又问，想她吗？和尚回答，不能不想。然后王阳明给他讲解亲情是人之本性的道理，和尚感动地流下了眼泪。第二天，和尚不见了，可能是回老家了。在没有外界刺激的情况下，禅师静坐属于“枯禅”，没有在事上磨。在王阳明以亲情的道理刺激后，禅师就坐不住了。

在事上磨，是修炼良知的最重要的手段。在窗明几净的环境下，沏一壶茶，往那一坐，拍个照发个朋友圈，配上文案“岁月静好”。须知，在事上磨炼之后的静好才是真正的静好。罗振宇在演讲中说：“你喜欢岁月静好，其实现实是大江奔流。”这句话使多少人醍醐灌顶，催人奋进。但只有少数人的心，处在奔流的大江之中，历经沧桑而更加镇定自若，不随大江的奔流而奔流。

想象一个月映万川的画面，河水是流动的，甚至奔腾的。月亮永远是安静的，多一条河流就多一分明亮。

六经皆我注脚

谩道六经皆注脚，还谁一语悟真机？相知
若问年来意，已傍西湖买钓矶。

出自王阳明的诗《送刘伯光》。1514年，王阳明升为南京鸿胪寺卿，写下了这首诗给好友刘伯光。如果“六经皆注脚”这句话都没有道破真机，那还有谁说的话能道破真机呢？认识我的朋友如果问我近年在忙啥，就说我买了个凳子正天天在西湖边钓鱼呢！这首诗体现了王阳明悟得真机的洒脱胸襟。

诗中的“六经皆注脚”最早出现在陆九渊的文章中。陆九渊的意思是抓住根本精神之后，心中怀着这些精神再去读“六经”这些典籍，便会日渐明朗、日渐充实，就好像“六经”给我的思想不断地提供了注解。《陆九渊集》卷三十四里有：“学苟知本，六经皆我注脚。”

陆九渊认为，做学问要先究其根本，明其道，而不是拘泥于古代典籍，停滞在文义上。他说，读书懂个大概意思就行了，没有必要强加揣测和思量。有时候遇到看不懂的地方，就把它放在一旁也没有关系。只要对看得清晰透彻的地方反复玩味、推敲和领悟，内心和精神就自然日渐充实、明朗，等到日后心中所学深厚了，以前那些看不懂的便豁然开朗了。“大抵读书，古训既通之后，但平心读之，不必强加揣量，则无非浸灌、培益、鞭策、磨励之功。或有未通晓处，姑缺之无害。且以其明白昭晰者日加涵泳，则自然日充日明，后日本原深厚，则向来未晓者将亦有涣然冰释者矣。”

陆九渊、王阳明通过这样的读书方法，达到修身养性的目的，与程朱理学所倡导的向外物求规律的方法有所区别。

但要注意，这仅仅是古代知识分子修身养性的一种方法，与学习自然科学毫无关系，切莫用错了地方。如何学习国学，如何修身养性，光明潇洒的陆老师、王老师都是我辈的楷模。附上一首陆九渊的著名诗词，以飨读者：

仰首攀南斗，翻身倚北辰。

举头天外望，无我这般人。

随机导引，因事启沃

故凡居今之时，且须随机导引，因事启沃，宽心平气以薰陶之，俟其感发兴起，而后开之以其说，是故为力易而收效溥。

出自正德十年王阳明给弟子的信《寄李道夫》。王阳明在这封信中说，这年头，需要随着一个人当时的事机加以引导，顺着他所遇到的事加以启发，宽心静气地来熏陶他，等到他有所感想、兴致被激发的时候，再用我们的道理来开导他，这样的话就能用很小的力气得到很大的收获。

“启沃”这个词，来自《尚书》的一个典故。商王任命傅说当丞相的时候，希望丞相好好辅佐他，给他提供好的政策建议。于是谦虚地说，他盼望好建议，就好比干旱的土地盼望甘霖，希望丞相来启迪他，浇灌（沃）他的心灵。“若岁大旱，用汝作霖雨。启乃心，沃朕心。”

王阳明的心学在当时是一个异类。当他提出心学的时候，很多人难以理解，也难以接受，甚至斥其为异端邪说。那么如何推广要强加揣测和思量。有时候遇到看不懂的地方，就把它放在一旁也没有关系。只要对看得清晰透彻的地方反复玩味、推敲和领悟，内心和精神就自然日渐充实、明朗，等到日后心中所学深厚了，以前那些看不懂的便豁然开朗了。“大抵读书，古训既通之后，但平心读之，不必强加揣量，则无非浸灌、培益、鞭策、磨励之功。或有未通晓处，姑缺之无害。且以其明白昭晰者日加涵泳，则自然日充日明，后日本原深厚，则向来未晓者将亦有涣然冰释者矣。”

陆九渊、王阳明通过这样的读书方法，达到修身养性的目的，与程朱理学所倡导的向外物求规律的方法有所区别。

但要注意，这仅仅是古代知识分子修身养性的一种方法，与学习自然科学毫无关系，切莫用错了地方。如何学习国学，如何修身养性，光明潇洒的陆老师、王老师都是我辈的楷模。附上一首陆九渊的著名诗词，以飨读者：

仰首攀南斗，翻身倚北辰。
举头天外望，无我这般人。

随机导引，因事启沃

故凡居今之时，且须随机导引，因事启沃，宽心平气以薰陶之，俟其感发兴起，而后开之以其说，是故为力易而收效溥。

出自正德十年王阳明给弟子的信《寄李道夫》。王阳明在这封信中说，这年头，需要随着一个人当时的事机加以引导，顺着他所遇到的事加以启发，宽心静气地来熏陶他，等到他有所感想、兴致被激发的时候，再用我们的道理来开导他，这样的话就能用很小的力气得到很大的收获。

“启沃”这个词，来自《尚书》的一个典故。商王任命傅说当丞相的时候，希望丞相好好辅佐他，给他提供好的政策建议。于是谦虚地说，他盼望好建议，就好比干旱的土地盼望甘霖，希望丞相来启迪他，浇灌（沃）他的心灵。“若岁大旱，用汝作霖雨。启乃心，沃朕心。”

王阳明的心学在当时是一个异类。当他提出心学的时候，很多人难以理解，也难以接受，甚至斥其为异端邪说。那么如何推广他的心学呢？王阳明这一段对弟子说的话，展示了他营销大师的风采。王老师认为，那些迷信程朱理学的，就好像掉在大海里快要淹死的人，要先把他们救上岸，再给他们干净的衣服穿，给他们吃的，慢慢来，急不得。千万不能直接往大海里扔衣服和食物，最好是当别人碰到了什么事，急于得到解答或解脱的时候，心学弟子们再“趁虚而入”，因势利导，给予启迪和教育。看来，王阳明真是一个善于“攻心”的大师，怪不得在平定土匪和叛乱时妙计横生。

当一个人想说服别人的时候，或者向他人推销某种产品的时候，最好是挑他人开心的时候。所谓“开心”，就是心房是打开的，准备接纳新事物、新思想。说服一个处在心房打开状态的人，是很容易的。而说服一个固执的、封闭的心灵，是很难的。有些企业老板，平时听不进下属的意见，甚至听不进朋友的意见，但是对寺庙和尚的意见却往往言听计从。这是为什么呢？因为他们造访寺庙的时候，心灵是放松的、打开的，甚至是急于寻找答案的。其实不仅在商业领域如此，在家庭教育中也是如此。有些家长只会空洞地说教，命令小孩做事情。平日里，当小孩问他问题的时候，却总是以忙为借口搪塞，没有耐心解答。这样的小孩怎么可能朝着家长所希望的方向成长呢？真正聪明的家长，平时很少说教，而当小孩自己有疑惑、想求知的时候，会果断地抓住机会，加以引导和“启沃”。这样就像浇灌一棵缺水的树，树充分吸收了外界的营养，必然茁壮成长。

从这些评论来看，王阳明从《孙子兵法》里获得的最大启发，不是阴谋诡计，也不是速胜，而是在开战前对交战双方的综合情况进行仔细剖析，做好准备工作。比如面对江西南赣地区土匪横行的情况，王阳明分析道，每次土匪为患的时候，官府都要从远处调集军队，比如广东的狼兵。但等到军队到了，土匪已经撤了，等到军队走了，土匪又重新来了。“东奔则西窜，南捕则北奔。”所以匪患一直不止。多省交界处，虽然军队的声势浩大，但事、权不统一，彼此推诿，难以处置。针对这种情况，王阳明就地取材，从相邻省份各县抽调精兵强将，加以统一培训、统一指挥，明确赏罚制度。同时，王阳明还发现，有些土匪藏匿在民众之间，难以识别，还经常给其他土匪通风报信，造成剿匪的困难。于是他采取措施，将每十户人家组成一个小组，每天傍晚派人“查户口”。一旦发现某个小组通匪，十户人家承担连带责任，这就是王阳明的“十家牌法”。

各个方面的充分准备为之后的军事行动奠定了胜利的基础。一些读者将主要目光集中在平定叛乱过程的战斗细节，其实最重要的胜利原因在于各方面的准备工作，在于准备工作之前的详细考察，即“校之以计而索其情”。

人们往往容易看到运动员精彩表现以及得奖的一幕，而容易忽略其前期艰苦细腻的准备工作。二级市场投资者花了太多时间在股票价格波动的开盘期间，却往往忽略了投资之前的调研、分析、整理、判断等准备工作。

第四章

知人善任

以少胜多。因为太平军中混饭吃的流民太多，没有战斗力的“群众演员”太多，局部溃败很容易演变成全局溃败。太平军这种流民组合，吓唬小股军兵还可以，一旦碰到组织性和战斗力强大的湘军劲旅，基本只有吃败仗的份了。

由此联系到现代企业组织，有些企业看起来人很多，然而真正有核心价值的就那么几个人，真正撑起企业发展的也就那么几个人。随着社会的发展，个人越来越个性化，对个人的管理难度也越来越大。社会发展的趋势应该是尽量用机械替代人工，以尽量少的人去完成尽量大的事业。如果还以为人多是企业的优势或者企业实力的象征，那就过时了。巴菲特的公司可谓知名，但很多人没想到，公司总部员工竟然只有二十多个人。世界上人数最多的公司，不知道是不是直销公司？人少的企业未必帮派少，但人多的企业内部帮派极有可能多，产生内耗，领导者势必要分心去处理这些内部斗争。如何建立有战斗力的精干稳定的队伍，才是现代企业人力资源管理需要考虑的核心问题。

带勇之法，以体察人才为第一

凡将才有四大端：一曰知人善任，二曰善觇敌情，三曰临阵胆识，四曰营务整齐。带勇之法，以体察人才为第一，整顿营规、讲求战守次之。

第一句话出自咸丰七年十月二十七日晚上的曾国藩家书。这是他写给弟弟曾国荃的。对初出茅庐在吉安带兵的九弟，曾国藩传授了选拔将才的经验，即从知人善任、善察敌情、临阵胆识、日常营务四个方面来观察甄选。他特别指出，前两个是成为“王者”的高级装备，后两个是“青铜白银”或者“钻石王者”都可能拥有的基础装备。同时，他还叮嘱弟弟要在这四个方面下功夫。曾大帅特别提及对低级武官和高级将领的甄选侧重点不同，其实也是在告诉弟弟不同位置的人的才能要求不同，作为领导者，需要准确地把具备特定才能的人安排在合适的位置。第二句话出自咸丰七年十二月十四日晚上的曾国藩家书，也是写给弟弟曾国荃的。他说带兵打仗的方法中体察人才的重要性排在第一位，整顿军营纪律、攻防作战排在后面。前后家书中，曾国藩都把知人善任放在首位。

除了提出理论，有“知人之明”的曾国藩还是知人善任的践行者。在官僚和军事生涯中，曾国藩慧眼识人，结识、提拔了郭嵩焘、罗泽南、李鸿章、李善兰等大量的或政治或外交或科技领域的人才。这些人都成了曾国藩的得力助手，在合适的位置上如鱼得水，做出了一番成绩。曾大帅有知人善任的独特见解与能力，这让他拥有强大的人才库，功成名就。

创建汉帝国的刘邦也知人善任。早年，刘邦和项羽，一个是出身小民、好吃懒做、在街头混社会的，文化程度并不高，一个是出身贵族、天生骄傲的神勇武将，一身武略才识独霸西楚。然而，刘邦一路使用撒手锏——知人善任，任命张良为“项目经理”运筹帷幄，安排萧何为“公司HR”搜罗人才，收编韩信为“营销经理”抢夺市场，带领“刘氏集团”占领全部市场份额，成功坐上了汉帝国第一把交椅。刘邦了解自己的部下，并把他们安排在适当的位置，才成就了丰功伟绩。

企业管理者同样要知人善任。吃苦耐劳、认真负责、纪律严明等都是优良品质，但对一个管理者来说，知人善任更难能可贵。前面的优良品质执行起来相对比较简单，只需要“埋头苦干”，做好自己。而知人善任则复杂得多，既要做好自己，还要收集各方面信息、深入了解别人的才能和性格特点等。知人善任，易说难做，第一步是知人，这要求管理者要有见识，能像伯乐识别千里马一样发掘人才；第二步是善任，管理者要善于体察不同的人才，把合适的人安排在合适的位置，人尽其才，才尽其用。比如，某位能把PPT做得很漂亮的中级经理，大概就像曾国藩说的“营务整齐”的哨官，如果将其提拔到高级管理者的位置不一定合适。是否合适，还得看他会不会沟通，会不会用人。

有才无德者，当不没其长，而稍远其人

吾兄弟于有才而无德者，亦当不没其长，
而稍远其人。

出自同治元年六月初十的曾国藩家书。在这封家书中，曾国藩对弟弟谈到好几个有能力但名声较差的人，如黄冕（号南坡，人称南坡公）。黄冕比较贪财，不够廉洁，但在筹钱方面十分有能力。曾国藩知道弟弟与黄冕关系好，特别提醒他要注意黄冕的短处，以免受到舆论的指责。曾国藩还说，我们兄弟几个人啊，对于有才无德的人，也不应该埋没他的长处，但要稍微疏远他一些，不要和他走得太近。

曾国藩用人向来是将“德”放在第一位，对待有才无德的人十分谨慎。在这封家书中，曾国藩对待有才无德者是有原则的。无才是小瑕疵，而不是大缺点。相反，有才无德的人存着背叛清军的心思，则是万万不能用的。像黄冕那样只是贪点财，不算什么大问题——在当时的官场上，不贪财的人简直算得上稀有动物了。

但曾国藩对于那些可能叛主的人容忍度为零。有次，有个老乡千里迢迢来投靠他，吃饭的时候，曾国藩看到那个老乡将饭粒中的秕谷挑出来，便怀疑此人容易见异思迁，二话不说就直接打发他回去。

昔日信陵君使用了鸡鸣狗盗之徒，窃符救赵。他使用的也是有才无德之人，但无德程度并不严重，毕竟鸡鸣狗盗之徒并非杀人放火之流。而现代企业家与领导者使用有德者是普遍情况。日本松下电器的创始人松下幸之助曾说过："学历就好比商品上的标签，论才用人要看品质，不要只注重标签价码。"现代社会，除了高科技工作和一些核心业务，大多数工作都不是非某个人不可的，张三能做，李四也能做。每年的大学毕业生都如雨后春笋，一茬一茬的，何不挑选品德更好的人呢？对企业来说，使用有才无德之人定要慎之又慎，万万不能因为曾国藩的话而随意模仿。若一定要用有才无德的人，则须把握那人的无德程度，绝不能在大是大非上松口。切莫高估了对人的把控力，否则与狼共舞久了，被狼咬去了性命都来不及哭泣。

文章，此类应聘行为的“中枪”概率会大大提高。这还真不是躺枪，而是结结实实的“中枪”。俗话说“相由心生”，心中所想，皆会显露于相。一个人的性格特点和脾气秉性，会通过不经意的动作或眼神流露出来。善于识人的伯乐，往往能在瞬间捕捉这些不易察觉的细节。

绅士之法：予以名利而不说破？

王霞轩来辞行，将以明日往南丰，余告以
用绅士之法，宜少予以名利而仍不说破，
以养其廉耻。霞轩深以为然。

出自咸丰八年十二月初六的曾国藩日记。这一天文件较多，曾国藩处理完文件后会见了四拨客人，其中一拨是幕僚王霞轩来辞行。曾国藩对王霞轩说，此去治理南丰可以用“绅士之法”，即对下属或者乡绅给予少许名利而不说破，以培养他们的廉耻之心。王霞轩深以为然。曾大人传授的这招，可以说是人际交往的“吸心大法”。通过给予他人小恩小惠但不直接说破的方式，让整个过程覆上一层温情脉脉的面纱，“犹抱琵琶半遮面”，能激发接受恩惠者的廉耻之心，让人心存感激，心甘情愿地主动做事，滴水之恩以涌泉相报。比起施恩之后索取别人回报的做法，曾国藩的“绅士之法”要高明得多。

多少事都是如此。说破了，是责任；不说破，是感情。

古人非常重视廉耻心。早在春秋时期，齐国相国管仲把礼义廉耻称为“国之四维”；清朝思想家顾炎武强调，廉耻是“立人之大节”，“不廉则无所不取，不耻则无所不为”。可见廉耻心对国家治理的重要性。运用曾国藩的“绅士之法”，给予少许名利但不直接说破，可以激发和培养人们内心深处的廉耻心，让下属心怀感恩，主动做事，让百姓知善恶、明荣辱，遵守社会道德标准与行为规范。这样的治理方法，润物细无声却大有作为。相反地，如果采用科学家、经济学家或者商人的方法，把一切说得很透彻明白或计算得清楚明了，给予别人多少好处就要别人回报多少，用道德责任去绑架别人，只会让别人心中萌生抵触情绪，无法培养廉耻之心。

在现代社会，“绅士之法”有广阔的用武之地。比如小商店老板在结账的时候，偶尔大方地舍去零头的几毛钱甚至几块钱，可能会让顾客心里一暖；或者在顾客购买香烟的时候顺手赠送一个打火机，可能会让顾客心存感激；或者在利润许可的情况下给顾客打折。这些小恩小惠价值不大，并不影响店铺的正常盈利，但或许会让顾客心有所感，下次需要时自然会想起。顾客的心可能就这样被笼络收买了，于是回头客越来越多。这些都是建立在“不说破”的原则上。如果换一种情况，在排队结账的时候大声嚷嚷“零头钱给你免了，下次可要光顾我们店铺”；或者在顾客买香烟的时候叮嘱“送你一个打火机，下次一定要来我们这里买香烟”；或者跟顾客说“我都给你打折了，一定要再来买东西”。一旦说破，有些顾客出于道义可能还会再来光顾，但这更有可能让顾客感到尴尬甚至反感，从而逃之夭夭。大声嚷嚷还有一个弊端，就是让小恩小惠成为公开信息，接受者就不觉得自己被特殊对待，是与众不同的了。而一个眼神、一个笑容，则是“此时无声胜有声”。

在日常生活中，在与人相处时，给予别人少许名利而不说破，别人可能心存感激，或许你会收到一个大大的惊喜哦！

用恩莫如仁，用威莫如礼

与何竟海谈带勇之法：用恩莫如仁，用威莫如礼。

出自咸丰九年六月初四的曾国藩日记。这天，曾国藩和幕僚探讨如何落实恩威并济的带兵方法。他说，最好以仁义的方法用恩，以礼仪的方法用威。

曾国藩引用了《论语·雍也》中的话来诠释什么叫“仁”。所谓仁，就是自己想立足于世，也会使别人能立足于世；自己想要做事通达，也会让别人做事通达。“夫仁者，己欲立而立人，己欲达而达人。”体现在管理军队上，就是对待士兵们如同对待自己的子侄，常抱有一颗希望他自立、发达的心，那么人们自然会记住领导的恩情了。

曾国藩又引用了《论语·尧曰》中的话来解释什么叫“礼”。所谓礼，就是君子对别人，不论人多人少，不论年龄，都不怠慢，都态度平和不骄傲；君子自己衣冠整齐，仪态庄重，令人望而生畏，有威严而不凶猛。“君子无众寡，无小大，无敢慢，斯不亦泰而不骄乎？君子正其衣冠，尊其瞻视，俨然人望而畏之，斯不亦威而不猛乎？”

曾国藩还说“持之以敬”“临之以庄”，也就是以庄敬的样子让士兵感到领导有凛然不可犯的威严。

恩威并济，是一个通用的管理方法，不管是国家还是企业，不管是中国还是外国，古今通用，四海皆准。上到国家总统，下到小企业主，基本都明白恩威并济的道理，但是真正执行起来，效果千差万别。

一方面，用恩不仅仅是可见的实惠，还包括嘘寒问暖式的心灵关怀。譬如说加薪，管理者不可能天天给员工加薪。员工加了薪之后，短时间内工作效率高很多，可是时间久了也会有“审美疲劳”。除了年底，平日时不时地给下属以微小的心灵刺激，根据员工的需求给他们成长的机会并帮助其规划清晰的发展愿景，让他们找到自己工作的价值，他们自然也就愿意为公司贡献自己。这就需要管理者站在员工的角度想问题，这就是“仁”。

另一方面，用威不仅仅是事后的惩罚，还包括事前的制约。法律制定好了，摆在那里，为什么还有那么多人铤而走险去犯罪呢？为什么还需要普法教育呢？人都有侥幸心理。少数人总想着做了坏事，没有被发现就蒙混过关了。那么如何强化事前制约呢？企业文化很重要！工作气氛很重要！如果工作气氛是紧张严肃的，员工就

到所有细节，难免会有些错漏。一个人的精力是有限的，所以必须依赖他人的力量来纠正自己。这就是唐太宗需要一个魏征的原因。

小老板可以“一言堂”，大老板却需要各种人才济济一堂。华为有个神秘的部门是专门“挑刺”的，只要华为准备出新款机型，这个部门就从手机设计、生产、包装、使用感等各方面一一挑毛病，然后汇总给总部，以求改进。这样看来，做大事者，身边有个挑刺的人也不错嘛！

戒官气而姑用乡气之人

吾欲以“劳苦忍辱”四字教人，故且戒官气而姑用乡气之人，必取遇事体察、身到、心到、口到、眼到者。

出自咸丰十年七月十七日曾国藩写给李桓和李瀚章的信。当时曾国藩到处给人写信，让人推荐几个人才给他。他提出了自己的用人标准，相较于有官气的人，他更愿意用有乡气的人，遇事能够身体力行，亲临一线，能够身到、心到、口到、眼到。

他认为人才的气质可以分为两类，一种是官气，一种是乡气。

官气多的人喜欢排资论辈，装模作样，办事的时候不至于惊世骇俗，言语谈吐也很流畅，但是他们的缺点是没有活力，死气沉沉。“官气多者，好讲资格，好问样子，办事无惊世骇俗之象，言语无此妨彼碍之弊，其失也，奄奄无气。”

乡气多的人喜欢逞能，玩新花样，办事的时候考虑不周密，言语谈吐欠缺考虑，顾此失彼，他们的缺点是一件事还没办成，众人的非议就先起来了。“乡气多者，好逞才能，好出新样，行事则知己不如人，言语则顾前不顾后，其失也，一事未成，物议先腾。”

这两种气质都不怎么好，分别处在两个极端。一个极端是四平八稳、不作为的官气，另一个极端是努力办事、不顾后果的乡气。为什么曾国藩宁肯用有乡气之人而不用有官气之人呢？因为他要出业绩啊！他写信给李桓和李瀚章这两位筹办湘军粮饷的重要官员，说的这些话，是为筹集粮饷服务的。如果粮饷筹集不上，前方将士就没饭吃。把实际的工作业绩放在首位，所以要选择有乡气之人。至于多多少少有点他人的非议，就忍一忍吧。

所谓的乡气，用现代的话说，叫接地气。有些人拿了名牌大学的学位，看起来高大上，说起理论来头头是道，但是实际工作能力非常欠缺，这就叫有官气而不接地气。这样的人，也有他的用武之地。比如只需要循规蹈矩从事固定工作或重复性工作而不需要开拓业绩的，或者需要拿学历压人的，这种人就比较合适。但是民营企业就不适合招聘这样的人，民营企业需要的是能实实在在帮企业解决问题、更好地创造价值的人才。也许这些人学历不高，没有名牌大学的光环，甚至给人感觉有一股乡气、土气，但只要创造价值，都是企业应该珍惜的人才。

阁下的人才队伍中，有多少官气、多少乡气呢？

第五章

齐家安居

夫家和则福自生，若一家之中兄有言，弟无不从，弟有请，兄无不应，和气蒸蒸而家不兴者，未之有也。反是而不败者，亦未之有也。

出门人事事皆须细心

不知弟犹记得我言否？出门人事事皆须细心。今既已弄坏，则亦不必过于着急。

出自道光二十七年二月十二日的曾国藩家书。这句话是曾国藩对曾国潢说的。道光二十六年，曾国潢结束北漂的时候，曾国藩让他带诰封文件回老家（明清之际，对五品以上官员的上代妻室赠予名号，称诰封）。这次的荣誉证书是颁发给曾国藩奶奶的，可惜奶奶匆匆离世，没有看到孙子给她挣来的光荣。离别之际，曾国藩对弟弟再三叮咛，把这个荣誉证书放在旅行箱旁边恐怕不妥，没有柏油马路，马车丁零当啷，容易弄坏。然而曾国潢没有在意，到家后从马车上小心翼翼地取下荣誉证书，发现还真弄坏了，懊悔不迭。曾国藩得知以后，略带责备地说，当初你走的时候，我千叮咛万嘱咐不要放箱子边，不知你是否还记得？出门人在外，要事事细心呀！然而，当哥哥的也没有一味责备。曾国藩又说，现在既然已经弄坏了，就不要过于着急了。你和黎樾乔一起回湖南，两个人都太

感，收获时有成就感，整天都有充实感。

百善孝为先。身处父慈子孝、兄友弟恭的祥和气氛中，家庭成员的幸福感很高。一个孝顺的人，更容易把自己的感情迁移到社会其他成员身上，如《礼记》中所说的“人不独亲其亲，不独子其子”，把别人的父母、孩子也当成自己的亲人看待，彰显博爱的情怀。

能够宽恕的人，面对矛盾时，选择以和为贵，化干戈为玉帛，创造出良好的人际关系。一个人就像一条鱼，人际关系就是水，有了良好的人际关系，水中的阻力小了，鱼儿游起来就更顺畅了。

“孝致祥，勤致祥，恕致祥。”有祥云围绕，还怕不能成功吗？

行之有恒

可见年无分老少，事无分难易，但行之有恒，自如种树畜养，日见其大而不觉耳。

出自同治元年四月初四的曾国藩家书。这句话的大意是，做事情，不论年纪大小、事情难易，只要行之有恒，就会像种植的树和养殖的家畜一样，在不知不觉中长大。曾国藩用种树及养殖家畜这些农业方面的事做比喻，强调做事要有恒心，体现了他不求速效的思想，也与他“结硬寨，打呆仗”的思想一脉相承。曾国藩的军事思想，说穿了就是一个字——“耗”，把敌人耗死，这可不得有“恒”吗？没有恒心怎么耗得起呢？在这封信中，曾国藩教给儿子曾纪泽的治学方法，也是一个“耗”字，或者说是两个字——“有常”。他甚至一不小心就将有恒心拔高到人生第一美德，“人生惟有常是第一美德”。

如果说孔子的思想以“仁”一以贯之，那么曾国藩的做事思想（不包括对人）一字蔽之则为“耗”，二字为“坚持”，三字为“坚持耗”。这是一种以时间换空间的做事策略，可以应用在生活的方方面面，包括学习某种技巧，甚至包括在投资上取得成功。股神巴菲特年轻时都上不了富豪榜，直到晚年才挤进榜单，出现在更多人的视野里。他在50岁以后才成为亿万富翁，99%的净身家都是50岁以后才挣的，他的财富是长期持有的优质股票，这便是“耗”来的。他有恒不有恒？非常有恒！

花未全开月未圆

平日最好昔人“花未全开月未圆”七字，
以为惜福之道、保泰之法莫精于此。

出自同治二年正月十八日的曾国藩家书。在前方打仗的曾国荃来信抱怨近来总有些不爽的事情。曾国藩不知道具体是什么事，还以为弟弟在生他的气，于是赶紧回信说：“老弟呀，你为什么不爽呢？是不是哪里合不来？咱哥俩儿只是意趣有点不合，不必郁闷嘛！”弟弟的志趣，很像春夏万物生长的气势，因为滋长舒展而生气蓬勃；哥哥做事的风格则近似秋冬收纳的特征，因为收敛藏纳而生机厚实。二者只是气质不一样而已。说了一通“虚”的之后，细心的曾国藩想到可能是自己在弟弟要粮饷时给的数额不对，所以弟弟才生气了，于是他补充道，那是本着“花未全开月未圆”的道理，想着稍微节制一点，不让弟弟过于完美。曾国藩还说，平日里最喜欢宋代书法家蔡襄的“花未全开月未圆”七个字，认为这七个字是最好的持盈保泰之法。

花已经开了还未开全，月亮已经圆了却不是最圆，意味着事物的发展未到尽头，更好的状态即将来临。一般人喜欢花好月圆，而真正有智慧的人欣赏“花未全开月未圆”。《易经》的乾卦中，九五之尊所处的位置对应的卦辞是“飞龙在天”，九五之尊上方的位置，也就是九六爻所处位置对应的卦辞是“亢龙有悔”。任何美好的事物发展得过于充分，往往会走向反面，所谓“月盈则亏”。朱自清在散文中写道：“燕子去了，有再来的时候；杨柳枯了，有再青的时候；桃花谢了，有再开的时候。”那是一种萧条阶段等待生机降临的状态。宋代诗人汪藻说：“桃花嫣然出篱笑，似开未开最有情。”美好的事物正处于萌芽时期，还未发生，大可期待。曾国藩所欣赏的，就是这种状态，美好的事物正在发生，它们正处于更加美好、加速美好的阶段。

股票投资者都喜欢主升浪，这时股票价格还没到最高，达到最高后就会开始下跌。用股市来做比喻，这个道理就很清晰明了。回到日常事务上，有些人有时候就会想不明白。人们常常追求完美，稍有不如意，就会像曾国荃一样感到不爽，或者对他人要求过于苛刻，或者自己追求的太多，或者希望赚尽每一分钱……这都是过于追求完美的表现，会给自己带来诸多烦恼！

顺便提及，曾国藩在这封信中用的关于兄弟气质差异的比喻，也非常值得玩味。有些人的气质是扩张、发散的，像曾国荃一样，充满自信，执行力超强；有些人的气质是收敛、稳重的，像曾国藩一样，稳中求胜。西天取经的唐僧师徒四人中，孙悟空就属于春夏发舒之气，逢山开路，遇水搭桥，为团队排忧解难，开拓进取；最容易被忽视的沙僧，是秋冬收敛之气，为团队提供后勤保障，同时充当和事佬，起到缓解矛盾、凝聚人心的作用。

每个人的身边，总有各种各样的人，或者美或者丑，或者急躁或者迟缓，或者像春天一般思维活跃，各种点子如雨后春笋般层出不穷，或者像冬天一般沉着冷静，眼光如雪后冰棱般通透犀利，这些都是大自然的安排。天地有四季交替，人也有春夏秋冬各种类型。不能要求别人都跟自己一样，走自己的路，也给别人让路，这才是天地的自然法则。

去忿欲以养体，存倔强以励志

若能去忿欲以养体，存倔强以励志，则日进无疆矣。

出自同治二年正月二十日的曾国藩家书。它的意思是，人如果能够去掉愤怒和欲望以保养身体，存留倔强自强之气以激励自己，日积月累，则会进步无边。曾国藩之所以对曾国荃说这句话，是因为曾国荃之前写信给哥哥，提到自己身体不好，肝火太旺，肝病发作了。前线指挥官的身体可是非常重要的，体贴的曾国藩就开始给弟弟做思想工作，疏导其情绪。不信佛的曾大人甚至还罕见地引用了佛家的养生之道“降龙伏虎”。所谓“降龙”，就是降心火；所谓“伏虎”，就是降肝气。曾国藩十分希望老弟能保重好身体。当然，前线指挥官的当务之急是拿下南京城，于是他笔锋一转，说保养身体固然很重要，但“倔强”二字也不可缺少。所谓倔强，就是目标坚定，自强不息。曾国藩还说，他们兄弟俩从母亲那里继承的品德更多一些，母亲的很多行为都体现了倔强和自强的品德。

有个成语叫“惩忿窒欲”，意思是克制愤怒和欲望。其中，“惩”的意思是以比较严厉的方式来克制自己，倘若做不到就要受罚，“窒”是阻塞的意思。然而，一味地惩罚和阻塞，结果可能是河水决堤、汹涌而下，带来更大的忿和欲。曾国藩在家书中用的并不是“惩”，也不是“窒”，而是“去”字。“去”可以理解为疏导、抛弃。虽只是一字之差，却体现了不同的境界。若是完全按照曾国藩的字面意思来看，那么在人的心中本来就存在着自强之气和忿欲之情。一个人只需要对忿欲之情按下删除键即可，像清空垃圾文件一样；对自强之气妥善保留即可，如对待心爱的纪念品一般。这是个多么简单的操作啊，既可养生，又能让人事业有成。

王阳明的心学认为，心中自然有天地，心中天然有圣贤，人只要去除私欲的蒙蔽，即可让良知发扬光大。那么抛去什么私欲，保留何种良知呢？不能将小孩与洗澡水一同泼出去，而曾国藩的这句话就颇有些心学实操手册的意味了。王阳明是程朱理学的坚定批判者，其理论有点符合西方文化的个性解放哲学，因为尊重个人而颇得现代人的赞赏。曾国藩不仅是程朱理学的忠实拥护者，也对陆王心学持包容态度，甚至是中国传统文化的集大成者。从这个意义上来说，曾国藩比王阳明显得更加博大和包容。

豁达光明，恬淡冲融

以诗言之，必先有豁达光明之识，而后有恬淡冲融之趣。

出自同治二年三月二十四日的曾国藩家书。这封信是写给前线打仗的曾国荃的，曾国藩和他探讨了一些读诗的感想。这时的曾国荃在南京城外已经驻扎一年了，敌人没有前来骚扰，现状太平，闲来无事的“曾铁桶”读了些诗，写信给哥哥，说领会到了恬淡冲融的趣味。学识渊博的哥哥自然不会错失与其弟分享学习心得的机会，跟弟弟大侃了一番诗歌的道理。曾国藩认为要作诗歌，见识须豁达光明，然后才可能在意境上恬淡冲融。简单地说，想开了才能写得美。曾国藩还举例，李白和韩愈的诗歌豁达光明的特点较为明显，而白居易和陶渊明的诗歌恬淡冲融的特点较为明显。

李白和韩愈好在诗歌文章中发表议论，所以曾国藩觉得他们豁达光明。相比之下，白居易和陶渊明通常不在诗歌中过多议论，只是描绘景象，给人恬淡冲融的趣味。比如李白诗云：“仰天大笑出门去，我辈岂是蓬蒿人。”“安能摧眉折腰事权贵，使我不得开心颜！”什么权贵不权贵，李诗仙都可以不管不顾，放得下，够豁达！再说韩愈，他在诗中说：“出门各有道，我道方未夷。且于此中息，天命不吾欺。”意思是出门各人有各人的道路，而我的道路崎岖不平，先暂且在这儿休息一下又何妨？老天是不会欺骗我的！他还有“弟子不必不如师，师不必贤于弟子”的著名观点，也可以说看得非常开，够豁达，颇有点“心底无私天地宽”的感觉。

陶渊明和白居易都是写抒情小诗的，不怎么爱议论，只是传递恬淡冲融的情趣。例如陶渊明的诗句“采菊东篱下，悠然见南山”脍炙人口、传颂至今，把一幅闲适逍遥的美景呈现在读者眼前，让读者能体会其中恬淡的趣味。还有白居易的“野火烧不尽，春风吹又生”，这可不是倒下一个秋瑾还有千万个秋瑾站起来的意思，也并非一些人心目中的革命诗歌、战斗诗歌。那时候的白居易只有十六岁，只是个懵懂少年，他只是描述了一个有趣味、有哲理的自然现象。

对不写诗的大多数人而言，培养豁达的胸襟、光明的智慧，才能领略身边的恬淡美景。坐在办公室里，经常抬头看看窗外——生活除了眼前的工作，还有诗和远方。

畏天命、畏人言、畏君父

余自经咸丰八年一番磨炼，始知畏天命、畏人言、畏君父之训诫，始知自己本领平常之至。

出自同治二年九月十一日的曾国藩家书。当时，刚刚升任浙江巡抚的曾国荃被朝廷夺去了单独上奏的权利。根据清朝的官场制度，二品以上的官员具有单独上奏的权利，不到二品的只能托人代奏。浙江巡抚正好是个二品官，而曾国荃刚获得了群聊资格，才嘚瑟没几天就被禁言了，心里自然是无比憋屈郁闷。曾国藩就开导他要对朝廷有敬畏之心，做事得悠着点来。曾国藩还顺便给他科普了自己的“三畏”座右铭，即畏天命、畏人言和畏君父。乍一看，曾国藩就像只易受惊的兔子，畏首畏尾的，和他那虎虎生威的军事统帅地位完全不搭。然而曾国藩又说了，这几年不断反思自己，希望从“畏慎”二字中培养出一股刚劲之气。这说得就有些玄乎了，意思是指，在畏惧种种因素的前提下，于某些方面还是应有一股刚劲之气的。

对投资者来说，这段话还是很容易理解并能引起共鸣的。资本市场波云诡谲，风云迭起，到处充斥着未知风险与潜在危机。任何投资者一朝踏入该市场，首先就要存有敬畏之心，将风险防范放在第一位，莫要高估自己的能力而贸然行动。然而风险防范并不意味着将钱存入银行，而是在知道风险的情况下，依然不失去对投资标的的信心。如果对投资标的有信心，那么不管宏观经济如何波动，资本市场如何起伏，咬定青山不放松，这就是谨慎背后的一股刚气。若是将人生比喻为股市，道理也是相通的。人生路漫漫，风险常相伴。现代社会的每个人也许都面临着这“三畏”——畏天命、畏舆论、畏领导，甚至还可能畏老婆，等等。在明白各种风险之后，仍然对生活充满热爱，对追求理想充满激情，这便是人生。

莫贪豪爽二字

莫怕寒村二字，莫怕悭吝二字，莫贪大方二字，莫贪豪爽二字。弟以为然否?

出自同治二年十一月十四日的曾国藩家书。在这封信中，曾国藩明确批评了在湖南老家热火朝天地修祠堂的弟弟曾国潢。本来曾国藩自己对修祠堂也挺热心的，但是看到弟弟为每个上代都修了一个祠堂，甚至还要为两个牺牲的兄弟修祠堂，便急忙写信劝阻，觉得这么做太铺张浪费。曾国藩认为弟弟有廉洁正直的优点，就是不够节俭，不仅家常日用要节俭，而且“修造公费、周济人情”方面也应该节俭。接着，说话向来经典精辟的哥哥又冒了一句格言：“莫贪豪爽二字。”

对自己很节俭，对别人热情好客，甚至大方豪爽，难道这也有错？细细想来，大部分所谓的豪爽，还真是不必要。比如婚宴、寿宴、满月宴，本来是一个纪念活动，为了留下一个美好的回忆。但是超过了一定的度，给人豪爽大方、铺张浪费的感觉，就有点变味了。客人得到的印象不是“热情”，而是“有钱”。主人主要在意的可能是体面，而不是喜庆了。甚至还有为了婚礼的体面而负债的，真不知道如此换来的面子保质期有多久。有位企业老板，借了很多高利贷，但是在交际应酬上非常大方豪爽，朋友们都觉得他“人不错”，然而最终他因非法集资罪蹲在了监狱里。

当然，豪爽也有成功的。比如东晋政治家、军事家桓温就被人称赞“豪爽有气概，姿貌甚伟”。左宗棠也是出了名的豪爽。曾国荃也颇为豪爽。有一次，这两位豪爽人士在一起畅谈人生，左宗棠问曾国荃：“老九一生得力何处？”曾国荃回答：“挥金如土，杀人如麻。”左宗棠听了之后哈哈大笑说他比他哥哥厉害多了！

而在曾国藩身上，似乎从来没有见到过豪爽气质。没错，曾国藩虽然位高权重，但是终身保持着知识分子本色，平淡朴实，缺乏一股横溢的豪气。他重视别人的体面，既要面子，更要里子，他是理性的。“一掷千金浑是胆，家无四壁不知贫。”这种情况永远不会发生在曾国藩身上。

豪爽到底是不是一个好品质？难以评说。不过有一点可以肯定，成功的豪爽人士其实都是粗中有细。如果天性拘谨，倒不如像曾国藩一样小心谨慎过一辈子，不必贪求豪爽之名。

男儿自立必须有倔强之气

吾家祖父教人，亦以懦弱无刚四字为大耻。故男儿自立，必须有倔强之气。

出自同治三年六月十六日的曾国藩家书。就在攻克南京前夕，曾国荃身体抱恙，大夏天了要盖棉被，还担心被李鸿章抢去功劳，心情十分焦虑。曾国藩鼓励弟弟，他们的爷爷说懦弱无刚是大耻辱，男儿自立就必须有倔强的气节。想想此时曾国荃的境地，数万人耗在一座城市的郊区，睡在四面透风的简易房里，不是棚户区却比棚户区还要艰苦。如此这般坚持两三年下来，人的锐气是很容易被磨平的。不仅如此，这些主要来自湖南的“民工”们，普遍已经被拖欠工资好几个月了，能不当逃兵、安心工作就不错了，还保持锐气，着实不容易。曾国藩夸奖弟弟，在如此艰苦的条件下，不仅自己保持了倔强之气，还能让整个团队保持倔强之气，非常了不起！

曾国藩所谓的“倔强”，并非指现代汉语中的“固执”，而是

“自强”的意思。其对象不是人，而是艰难困苦，也就是不怕艰苦，自强不息。一个团队中，团队领导往往呈现两种极端。一种是领导自己偷懒，什么也不做，凡事让下属做，对下属指手画脚，不能与下属同甘共苦，不能宽以待己、严以律人；还有一种是领导事必躬亲，身先士卒，孤军奋战，而团队在磨洋工、混日子。这两种都不可取。

团队领导最好的状态是，不仅自己保持攻难克险的斗志，而且能将团队培养出倔强之气，让自己和整个团队保持倔强不屈的战斗精神，为共同的组织目标而努力。如果只有团队领导一个人有高昂的斗志，而团队其他成员懒懒散散的，那么这就是一个人在战斗，是孤军奋战，这种倔强就真成了现代汉语意义上的“倔强”。电视剧《士兵突击》里，钢七连的六字精神“不抛弃，不放弃”，即面对苦难时不抛弃任何一个战友、不放弃必胜的信念与追求，就是一种团队的倔强之气。

对组织来说，一人强不是真正的强，大家强才是真正的强。

以能立能达为体，以不怨不尤为用

以能立能达为体，以不怨不尤为用。

出自同治六年正月初二的曾国藩家书。曾国荃的湖北巡抚衙门后院着火，而且火从房屋上面开始烧起，明显是有人故意纵火。曾国荃写信给哥哥，推断是捻军或者仇家放的火。哥哥收到信后却说，碰到这种事，只能说是内部人不小心导致失火，而不能说是捻军或者仇家的毒计。如果大惊小怪，胡乱猜想，反而会被仇家传播，引来嘲笑。曾国藩还跟曾国荃提到了一个悔字诀，叫曾国荃不要埋怨别人，要做到自立自达。立，是指发奋自立，站得住脚；达，是指办事圆融通达，行得通。

乍一看曾国藩的建议有些令人难以理解，自己巡抚衙门后院被别人放了火，不去追查凶手，还要自己悔，这是怎么回事？“悔”，在王筠《说文解字句读》里有所谓：“恨者，怨人之词；悔者，自怨之词。”也就是自我批评、自我反省之意。在这种情况下，曾国藩要求弟弟如何自我批评呢？含蓄的他并没有直接说出来，毕竟老弟受了一场惊吓，心情也不爽。但是我们可以推测出来，曾国藩的意思是让曾国荃加强安全警戒，思考御敌良策。虽然他没有明确指示弟弟如何悔，但是他明确指出来要不怨不尤，不要怨天尤人。怨天，往往是不敢的；尤人，却在所难免，要随时警惕。

居家乃是长久之计

居官不过偶然之事，居家乃是长久之计。

出自同治六年五月初五的曾国藩家书。这封信是《曾国藩家书》收录的曾国藩写给夫人的仅有的两封信之一。这时夫人在湖南老家，曾国藩在南京两江总督府。位极人臣的曾国藩此时已五十多岁，萌生退志，想着辞官回家归隐山林，便顺着这句话交代了一些勤俭持家的细节。

古代儒家知识分子，讲究的是修身、齐家、治国、平天下。齐家的顺序更在治国之前。官做得再大，一旦父母去世，都得请假回家守孝二十七个月，叫“丁忧”。除非有特别紧急的情况，要皇帝亲自下旨强召丁忧的人为官，叫“夺情”。可见在中国传统文化中，家庭具有非常重要的地位。

对绝大多数的人来说，在大部分生命周期中，家庭生活还是占主导地位。随着女性地位的提高，现代家庭不再像古代家庭那样遵从“父为子纲，夫为妻纲”，维持、巩固家庭和谐变得越来越重要。然而，很少有人把家庭和谐当成一个重要课题去研究，也很少有人像曾国藩那样在家书里喋喋不休，把家庭教育作为重要工程来建设。

研究如何当官的人很多，研究如何发财的人也很多，但是研究如何齐家的人却很少，这不是很可悲吗？一对夫妻出门旅游，留下年迈的老人和两岁的幼儿在家，结果老人突发疾病死亡，幼儿则被活活饿死。这些人间悲剧的发生，都反映了一个现象——齐家观念的薄弱。

齐家观念薄弱的原因跟现在的二元经济结构也有一定关联。所谓二元结构，即年轻力壮者住在城市工作，老人和孩子留守在农村。这是一种极为普遍的现象，原本一个大的家庭因为地域的原因被拆小了。另外，离婚率攀升，家庭破裂的案例越来越多。这些原因都让大家变成了小家，家庭氛围逐渐就淡了。而良好的家庭关系，能为个人的奋斗提供强大的正能量。

善莫大于恕，德莫凶于妒

善莫大于恕，德莫凶于妒。

出自同治九年六月初四的曾国藩家书。曾国藩晚年接到圣旨，需要前往天津处理教会纵火案一事。他觉得此事十分棘手，又想到自己年老体衰，不知能否安然归来，于是写了一封类似遗书的信给儿子。信中主要讲了他去世后文章书信的处理方法以及对儿子们的谆谆教诲。曾国藩谦虚地说，自己稍微读了点儒家先贤的书，圣贤教人修身，重点是不忮不求。所谓忮，是嫉妒；求，是贪婪。如果说儒家思想主要是不忮不求，那就太狭隘了。曾国藩在此只是一种夸张的说法。他经常在家书里写，什么是什么的第一要义，也是一种夸张的说法。我们不能按字面意思去咬文嚼字。在这封家书中，末尾还附了两首《忮求诗》，一首教人戒妒，一首教人戒贪。

曾国藩以前的书信中大部分谈论的是孝友、勤俭、谦谨、明强等品德，晚年的书信中才出现过几次“忮”。在大部分的职业生涯里，他都强于其他人，是别人嫉妒的对象，而他很少嫉妒别人。但是为什么到了晚年，曾国藩还屡次强调不忮不求呢？不求还是很好理解的，毕竟年纪大了，进取心弱了，所以更强调不贪。而不忮，也许是他晚年剿捻无功，一度被李鸿章、左宗棠盖过了风头，内心深处也曾动过嫉妒的心思。同时，他还想到自己的子孙没有达到他这么高的地位，可能也会产生嫉妒和过分贪婪的心理，所以他才及时写信告诫。

戒忮诗的第一句是："善莫大于恕，德莫凶于妒。"一个能宽恕别人的人，通常能够以己之心推及他人，也不会太嫉妒别人。嫉妒，是人类身上最大的劣根性，比懒惰和骄傲还要根深蒂固，对社会的危害性也更大。曾国藩说："闻灾或欣幸，闻祸或悦豫。问渠何以然，不自知其故。"

曾国藩还说："忮不去，满怀皆是荆棘。"经常怀有嫉妒心理的人，就像腹中怀有无数支箭，一旦看到他人的不幸，便将心中的箭都射出去，把别人刺痛了，自己也就开心了。但是格局宽广、胸怀远大的人，是可以通过自我修养来减少甚至消除嫉妒心的，毕竟嫉妒他人对自己并无好处。"终身让人道，曾不失寸步。终身祝人善，曾不损尺布。消除嫉妒心，普天零甘露。"

主敬则百病可除

为学之方，无过主敬之要，主敬则百病可除。

出自道光二十年六月二十日的曾国藩日记。这一年，曾国藩刚刚经历各种考试挤进翰林院，志得意满，经常和好友一起聚会。京城连续大雨，好友郭嵩焘被困在曾家两天了。这天中饭后，雨过天晴，两人心情舒畅，便出门来到了陈岱云家，一番闲聊。从陈家出来，觉得意犹未尽，两人又去了黎樾乔家。大家聊起学问之道，认为做学问还是要主敬才行。

什么叫主敬？朱熹认为："只收敛身心，整齐纯一，不恁地放纵，便是敬。""心中若无一事，便是敬。整齐收敛，这身心不敢放纵，便是敬。"主敬，就是要不放纵自己的身心，外表整齐，内心纯一。作为程朱理学的门人，曾国藩在朋友家谈主敬，大概是希望自己少一些放纵、专心做学问吧。

现代人谈"敬"，往往只是对其他人或事而言，比如敬酒、敬老、敬业。殊不知，对自己的身体和心灵也应该像敬天敬地敬长辈一样，充满“敬意”。敬自己的身体，就可以养生，塑造健康体魄甚至美丽身材；敬自己的心灵，就可以养心，让思路如指示牌般清晰，头脑像孙大圣般灵活。或许人生最酷的，不是放纵自我，而是收敛身心，敬畏自我。

每日游思，多半是要人说好

凡喜誉恶毁之心，即鄙夫患得患失之心也。于此关打不破，则一切学问才智，适足以欺世盗名为已矣。

道光二十二年十月初八，曾国藩吃过早饭后，给朋友何子贞的一幅画题了一首诗。一整天接待了几波客人，迎来送往，心情颇不平静。晚上掌灯以后，何子贞来访，曾国藩急不可耐地让他看诗。何子贞说写得非常好，曾国藩的心竟怦怦跳起来，几乎不能自持。这天晚上，曾国藩还当着何子贞的面批评别人的过错，飘飘然信口开河。等何子贞走后，曾国藩回想起刚才的心理活动，狠狠地鄙视了自己一番。喜好赞誉，讨厌批评，是人之常情。但是在青年曾国藩看来，这种对他人的评价过于在意的态度，是患得患失的心态所造成的，如果不改正，那么一切的学问只是用来欺世盗名而已。过了几天，曾国藩再次在日记里批评自己："每日游思，多半是要人说好。"

人生活在社会中，对他人的评价多多少少会在意，就连一代完人曾国藩也不例外。但过分在意他人的评价，就会像父子骑毛驴的故事一样，令人茫然无所适从。别人的评价固然重要，但这并非做事的标准，自己的目标和理想更加重要。

闻誉则喜，是一种本能；闻过则喜，是一种涵养。发个朋友圈，总是盼望别人点赞，每日会有多少时间浪费在这里呢？不打破此惯性，则才智无法提高，工作无法进步。真正有价值的，往往不是被人点赞，而是被别人提出中肯的批评。

恶言不出于口

恶言不出于口，忿言不反于身，此之不知，遑问其他?

出自道光二十二年十月初九的曾国藩日记。此时曾国藩在翰林院任职，意气风发。这天他的父亲在京城过生日，亲朋好友都来庆贺。事后，曾国藩觉得自己准备的饭菜太便宜，招待不周。自己平时吃饭也不节俭，怎么至亲来了反而那么吝啬呢？思来想去，他还是觉得亏欠了一个叫郑小珊的朋友。郑小珊略通医术，经常为曾国藩家人看病，是曾国藩的同乡。先前不知道什么原因，年轻气盛的曾国藩和郑小珊互相怼了起来，不欢而散。贺寿结束当天，曾翰林就屁颠屁颠地到郑小珊家为先前的事赔礼道歉，两人和好如初。晚上写日记时，曾国藩记录了《礼记》中的一句话“恶言不出于口，忿言不反于身”，即不说中伤他人的话，别人也不会用愤恨埋怨的话还击自己。他想，如果连这个道理都参不透，还能成什么大事？

《礼记》所说的道理听起来简单易行，不口出恶言即可。但在现实社会中，却频频发生口出恶言，不仅使“忿言反于身”，还经常“买一送一”，“反”了更加严重的事件。2014年，长春市湖西路与大屯街交会处附近，一男一女当街争吵，在半个小时的恶语相向后，两人大打出手，最后女子被刺身亡；2016年，广州市海珠区石榴岗路段的城中村，房东和房客因为修补道路问题发生口角，再升级至刀枪相见，后来房客与世长辞；2019年4月，东方市八所镇二环南路九里的桃园音乐烤吧里，主管和后厨因口角而互殴，主管身亡。血淋淋的事件，无一不在警示着恶言出于口可能导致的严重后果。如果最初选择不出言中伤，那么结果或许是另一个局面，可惜世上没有后悔药。

俗话说，恶语伤人六月寒。一句中伤人的言语，在夏天也会让人心生寒意。即使不是面对面，遥隔千里的网络上的恶言也会给别人的身心造成巨大伤害。从经济学的角度来说，恶言的成本几乎为零，说出去只是挥洒了点唾沫，而收益呢？想了半天脑袋空空，唯有一时嘴爽！风险呢？收到别人的恶言，心不爽。收到更多听众的怀疑或者鄙视，心更不爽。在某种状态下，还可能收到冲动的“刀子”大礼包。算了吧，不划算，还是多积点口德！

心中无慢，春暖花开

阳恶曰忿，阴恶曰欲。治身之道，必防其患。刚恶曰暴，柔恶曰慢。

出自咸丰二年正月初三的曾国藩日记。这一天，清廷最年轻的副部长曾国藩又犯错了——对别人发脾气了，对某方面的欲望太强了。于是，他在日记里说自己“于‘忿’‘欲’二字皆大犯”。具体怎么犯错误，他没有记载，可能也不好意思记载，毕竟他已经是有头有脸的刑部侍郎了。他总结道，愤怒是人身上比较显性的恶，欲望是比较隐性的恶；阳刚的恶是残暴，阴柔的恶是怠慢。发人深省的是，他把怠慢和残暴并列，作为两大道德之恶。很多人都可以不残暴不发火，却常常会怠慢人或事。如何克服怠慢这个毛病呢？曾国藩的方法是“敬以持之”。

怠慢了工作，叫“怠工”；怠慢了朋友，叫“慢待”；怠慢了长辈，叫“不敬”。在资本市场上随意买卖，那是怠慢了股票。不怠慢任何人和事，就叫“无慢”。

从明天起，做一个“无慢”的人，喂马，劈柴，关心粮食和蔬菜。

从明天起，和每一个亲人通信，给每一个微信头像取一个温暖的名字。

陌生人，我也为你祝福，让你得到认真对待。

我只愿“心中无慢，春暖花开”。

事有归着是富相

端庄厚重是贵相，谦卑含容是贵相。事有归着是富相，心存济物是富相。

出自咸丰八年四月左右的曾国藩日记。在这段时间的日记中，曾国藩记载了一些对面相的体会。他认为，仪态端庄大方，气质沉稳不轻浮，待人接物谦虚宽容，是高贵的相貌；办事有始有终，有着落，心怀他人，是拥有财富的相貌。曾国藩说端庄厚重、谦卑含容是高贵的相貌，这是很容易理解的，只要看看平时生活中的贵人就能明白。但是事有归着、心存济物是富相，却不是那么容易明白。

为什么曾国藩不说豪爽大方是富相，不说聪明伶俐是富相，而说事有归着是富相呢？事有归着即事事能落实，件件有回响，这就是现代人所谓的“靠谱”。靠谱才是真富相！靠谱的人，就算暂时不富，迟早也能富！

贵乎坚忍

防守沙河之策，从前无以此议相告者，贵军门创建之，本部堂主持之。凡发一谋，举一事，必有风波磨折，必有浮议摇撼。从前水师之设，创议于江忠烈公；安庆之围，创议于胡文忠公。其后……至金陵百里之城，孤军合围，群议皆恐蹈和、张之覆辙，即本部堂亦不以为然，厥后坚忍支撑，竟以地道成功。可见天下事，果能坚忍不懈，总可有志竟成。

办捻之法，马队既不得力，防河即属善策，但须以坚忍持之……无论何等风波，何等浮议，本部堂当一力承担，不与建议者相干；即有咎豫兵不应株守一隅者，亦当一力承担，不与豫抚部院相干，此本部堂之贵乎坚忍也。

出自同治五年六月二十五日曾国藩给刘铭传的批复《批铭字营刘军门铭传禀防河事宜俟抵周口与潘张二军通力合作等情》。同治五年，由于捻军的骑兵飘忽不定，难以捉摸，曾国藩对剿捻一事一时缺乏良策。刘铭传看着曾上司焦头烂额的样子，适时地献上沿河构筑军事防线的计策，以静制动来对付捻军。曾国藩认为此法可行，并顺便回顾了一些往事。

第一件事，创立湘军水师一事是由江忠源提议的，曾国藩欣然采纳。之后，水师在靖港、湖口接二连三地打败仗，遭到了很多人的非议。许多水军将士们一看这局面，都纷纷想跳槽到陆军。曾国藩扛住压力，重整旗鼓，坚持带出了一支高质量的水师。事实证明，在平定太平天国的整个过程中，这支水师及时疏通湘军粮道，利索切断敌方供给，是其中的中流砥柱。

第二件事，围攻安庆的想法是由胡林翼首先提出的，曾国藩同意了。之后，陈玉成率领的太平军玩了一招围魏救赵，对武汉施加了重大的军事压力。面对武汉的危机，胡林翼十分担忧，甚至暗骂自己“笨人下棋，死不顾家”。他要求调集围攻安庆的部队来解武汉之围，但是曾国藩认为安庆的重要性远高于武汉，坚持不撤安庆之围。事实证明，湘军夺取安庆之后，就扭转了整个战局，这是整个战争的重大转折点。

第三件事，围攻南京时，曾国荃过于兴奋，率领部队孤军深入。很多人觉得南京不易攻克，毕竟城池太宽，湘军人马又太少，甚至有人担心围攻的部队会重蹈原来的江南大营首领向荣、和春的覆辙。但曾国藩始终坚持既定战略不变，最后通过地道轰开城墙拿下南京城，将太平天国政权埋葬。

以上三件事，其倡导者都不是曾国藩，而采纳、落实、坚持这些事情都靠曾国藩。在刘铭传提出“河防”策略后，曾国藩明智地采纳了，并且给刘铭传打上心理预防针，防止其后续遇到挫折而动摇。后来的事实表明，一开始的确有几处防线被捻军突破了，“河防”策略似乎无效。慈禧太后十分生气，一怒之下竟然撤下曾国藩，换李鸿章来剿捻。实际上，李鸿章上场之后，捻军依然数次突破了防线。但捻军在不断冲击防线的过程中，自身也消耗了大量兵力，最终李鸿章还是依赖“河防”策略消灭了捻军。

以上的诸多案例表明，一个正确的策略提出来之后，更重要的是落实和坚持，不能因为一点小挫折而改变方向。这就好像打井，打了一段距离没看到水就放弃了，最终可能打了数口井也见不到水，“掘井不及泉而止者，改掘数井亦不见泉矣”。与其这样，还不如好好地深挖一口井。找到一支值得长期投资的股票并不难，难的是坚持。优秀的股票型基金经理，不必每天寻找好股票，而需要坚持好股票。曾经有位朋友向我推荐了一支优质股，几个月后，他再次见到我，却问我有什么好股票值得投资。我有点疑惑地说：“你上次推荐的股票就很好啊，帮我赚钱了，这得多谢你啊！我到现在还持有它呢！”他十分懊恼地告诉我，他在那支股票上赚了点钱就卖出，转而买入其他股，结果反倒还亏了。我问他：“你为什么不在好的股票上一直坚持下去呢？”

市场上值得长期投资的股票并不多，一旦发现，就贵在坚持持有。

我所欲皆自然而然

我所欲也，出乎其心之所欲，皆自然而然，非有所强，勿施于人，则勉而后能。

出自明朝正德辛未年王阳明的《与黄宗贤》。我所想得到的东西，都是出自内心的想法，是自然而然的，不是将某种概念或者理论强加于人，然后勉强接受。王阳明的意思是，去掉了私欲的蒙蔽，将心灵中的垃圾清空了，留下的自然是美好的、符合天理的真善美。这样的人所作所为都是从心出发，真善美自然而然就显露在行为上。

王阳明所信奉的教育方法、学习方法是抛弃式的，即抛弃一些坏习气，而不是填鸭式、输灌式的。用陆九渊的话来讲，也叫“剥落”式的。抛弃、剥落心中的污垢，心就像明镜一样自然而然。而填鸭式、输灌式的方法是不自然的。填鸭式的教育、学习就好像生物学中的抗原进入人体，会引起人体的免疫反应，体内的抗体对其产生排斥。

中国历史上除了王阳明，还有两位圣人提到了自然而然。一位是孔子，他在《论语·为政》中说："吾十有五而志于学，三十而立，四十而不惑，五十而知天命，六十而耳顺，七十而从心所欲不逾矩。"另一位是老子，他在《道德经》中说："人法地，地法天，天法道，道法自然。"看来圣人们的意见出奇地一致，其最高境界都是顺着人性而为，又合乎天道规律。值得注意的是，孔子和王阳明的话都表明他们追求一种心灵上的自由，而非外界的自由。

什么叫心灵上的自由？打个比方，人知道熬夜伤身体，但是当人被精彩的电视节目吸引的时候，欲罢不能，又"被动"熬夜了，这就是心灵上的不自由。人为什么明明知道熬夜不好却又熬夜呢？因为人的注意力过于集中在电视节目上了，人的追求集中在外在的事物上了，而不是集中在内在心灵的和谐上。欲求心灵之自由，首先要目光向内，而非向外，要追求内心而非外物。

宋代的陆九渊在湖北做官的时候，向辖区民众提出了一种生活理念，叫"穷快活"。不知道这种理念是否可以供当今政界人士参考，我觉得这是非常伟大的思想创新和实践创新。假如人们不管是穷还是富，都把更多的注意力从外在的物质满足转移到内在的精神快活上，那么这个社会应该会减少很多争斗，变得更加和谐。

过犹不及

子贡问："师与商也孰贤？"子曰："师也过，商也不及。"曰："然则师愈与？"子曰："过犹不及。"

出自《论语·先进》。子贡问，颛孙师和卜商谁更贤德？孔子说，颛孙师常常做得有些过度，卜商常常达不到要求。子贡再问，如此说来，是不是颛孙师要更好一些呢？孔子说，过度和达不到同样不好。

王阳明的《传习录》也用一个悲伤的案例展示了过犹不及的道理。王阳明的弟子陆澄得知儿子病危的消息，心里很烦闷忧虑，不能自持。王阳明觉得他悲伤得有点过分了，于是教导说，父亲疼爱儿子，自然是天理，但是如果过于悲伤，便会陷入"心有忧患，不得其正"的地步。所谓"心有忧患，不得其正"，这句话出自《大学》，意思是说，如果心里有忧虑就会使本心有失偏颇，无法端正。

《大学》认为，愤怒、恐惧、快乐、忧患这些情绪过分了都会影响人心的端正。"所谓修身在正其心者。身有所忿懥，则不得其正；有所恐惧，则不得其正；有所好乐，则不得其正；有所忧患，则不得其正。”

博学的王阳明还引用了《孝经》中的“毁不灭性”来劝慰学生。“毁”，指居丧过于哀痛。“毁不灭性”就是说不能因亲属过世过于哀痛而丧失了本性。他认为父母过世，儿女没有不悲痛的道理。然而，天理本身就是有限制的，情绪发泄不应该过度。“天理本体自有分限，不可过也。”《孝经》中说，不要因为亲人死亡而伤害自己的身体，“教民无以死伤生”。

在日常生活中，喜怒哀乐难以避免。亲人生病或者去世，令人悲伤，但不宜过度。孩子考试取得了好成绩，固然可喜，但是过于喜悦，也违背了天理。总之，各种情绪的发生通常都有合适的理由，但都不要太过分。

只怕镜不明，不怕物来不能照

只怕镜不明，不怕物来不能照。讲求事变，亦是照时事。然学者却须先有个明的工夫。学者惟患此心之未能明，不患事变之不能尽。

出自《传习录·上》。有人问王阳明，为什么圣人能针对各种事物随机应变呢？难道他们事先就做好了准备吗？王阳明告诉他，圣人的心如同明镜，正因为镜子足够明亮，所以任何事物出现在镜子里都能有所感应，没有东西能不被照到。王阳明还拿周公和孔子来举例，周公制定礼仪制度以教化世人而非尧舜；孔子删述“六经”来教育世人而非周公。言下之意就是尧舜和周公的心灵之镜已经很明亮了，不需要再受教育了。

中国古代知识分子的共同特点是崇拜祖先。在孔子眼里，三皇五帝永远是最厉害的。在后辈儒家知识分子眼里，不容置疑的圣人还包括孔子、孟子。王阳明也不例外，敢批判宋代朱熹，却不敢批判孔孟，而是尊崇孔孟。对三皇五帝，王阳明也是佩服得五体投地。比如王阳明说："此便是太古之治，非后世可及。"

那么试问，三皇五帝、孔子和孟子的心灵之镜生来就那么明亮吗？只要是人，不是神仙，就有一个学习的过程。向他人学习，向外物学习，学习到一定程度才慢慢形成"明镜"。归根结底，心灵明镜还是来自客观世界，而王阳明过分强调心灵明镜的作用，至少对处在学习期的中小学生而言是不管用的。都没啥知识储备，"明镜"还没形成，又擦拭什么呢？

当然，对已经具备一定知识和经验的成年人来说，尤其对那些在某些领域积累了相当丰富经验的专家来说，要更加注重内心的整理，否则就犯了"学而不思则罔"的错误。对这些人来说，王阳明的教诲就显得格外重要了。

第六章 修身养性

无善无恶心之体，有善有恶意之动。知善知恶是良知，为善去恶是格物。

惜福

吾生平颇讲求惜福二字之义，近来亦补药不断，且菜蔬亦比往年较奢。自愧享用太过，然亦体气太弱，不得不尔。

出自咸丰十年三月二十四日曾国藩写给弟弟曾国潢和曾国荃的家书。身体虚弱的曾国潢在服用大量补药后，状况好转。曾国藩高兴不已，说自己虽然早已享用过高丽参、鹿茸等补药，可无奈体气本就虚弱，效果不大，认为弟弟大愈实为幸事。他说，自己平生十分讲求“惜福”二字的意义。近来补药不断，吃的菜蔬也比往年好，曾国藩很惭愧自己享用太过，但体质虚弱，不得不这样做。他还在信中告知弟弟们保养妙方，言中流露出的是对身体健康之福、补药果蔬之福的珍惜，他希望弟弟们也能惜福。

宋朝开国皇帝赵匡胤也是一个惜福之人。相传他坐上皇位后仍使用前朝皇帝的“二手车”。皇后问他：“为什么不用黄金装饰一下，出门气派些？”他说：“别说用黄金装饰轿子，就是用黄金装饰整个皇宫也非难事。只是我当皇帝，是为天下百姓保管财物，岂能胡乱使用？”他不仅自己奉行简约以惜福，也严格要求子女不能随意挥霍。有一次，他看到大女儿穿着一件翠色羽毛装饰的衣服，便让她不要再穿，还语重心长地说：“皇家的人，一举一动都要注意身份。你生在富贵皇家已经很享福了，千万要惜福！”

福可能出现在方方面面，如健康、金钱、地位等。对一个人来说，德、才、福，是美好生活的三大支柱。正规的学校教育往往只告诉人们前面两者，而后者总是被忽视。为什么有些德才兼备的人最后还是失败了呢？只因为福气差了点。像五彩祥云一样围绕在身边的福气，往往难以被发现。祖辈、父母还健在就是福，多少人在失去他们之后才明白“子欲养而亲不待”的痛楚。自己身体健康，能吃能睡能运动，也是福。有钱是福，吃亏也是福。千万要珍惜自己身上的福气，各种福气越聚越多，人生才会越来越旺。

人无不可为圣贤

凡人无不可为圣贤，绝不系乎读书之多寡……可以为天地之完人，可以为父母之肖子，不必因读书而后有所加于毫末也。

出自咸丰元年八月十九日的曾国藩家书。这是曾国藩对最小的弟弟曾国葆的教诲与期望，描绘了读书与做人的微妙关系。“书中自有颜如玉，书中自有黄金屋。”“倘若颜值不够，那就读书来凑。”这些话都直接阐释了读书是提升智慧与气质的不二选择。但是曾国藩认为，人人都可以成为圣贤，与读多少书没太大关系。他心目中有两本书必须细细品读，一本是宋代朱熹的《小学》，另一本是清代陈宏谋的《五种遗规》。这两本书讲述的是家庭伦理、为人处事以及如何修身齐家治国平天下的道理。除此之外的其他书，能读固然好，不读也无妨。换而言之，只要身心内在美，伦理道德良好，就可以是圣贤，就可以是天地之完人，读多少书与伦理道德并无关系。做个好人，是曾国藩的最高准则。

如今的教育体系中，很多家长希望孩子能学到一门高超的技能，成为赢在起跑线的能人，于是帮孩子报各种班，学习人工智能、奥林匹克数理化等。过于注重技术流、技术控，而忽视乃至弱化了思想道德的教育，这是一大缺憾。在你追我赶的竞争压力下，社会充满了对成功的向往以及对他人漠不关心的精致利己主义。几百年前，博览群书的知识分子都是孝敬父母的楷模，现在有些青年人把自己的知识武装到了硕士、博士的境界，却不知道如何孝敬父母。过去社会经济发展还比较落后，学校只教伦理道德，技术性的教育几乎一片空白。现在社会发展进步了，技术性知识爆炸，学校注重技术知识教育，却往往忽视小修养的家庭伦理教育。这几年发生了很多孩子打骂父母的新闻事件，让人匪夷所思。反思一下，我们的教育到底走向了何方？

其实，能力固然重要，但是道德更重要。只有内在品德完善了，才能把控外在能力格局。德才兼备是做人的最高标准，有德无才的人仍然是好人，有才无德的人最可怕，甚至有可能演变成“灭霸”。

读书多少和道德好坏有一定联系，但没有必然联系。只要道德好，人人都可以成为圣贤！这是曾国藩的观点。用王阳明的话说，只要去掉私欲的蒙蔽，让良知呈现，人人都可以成为圣贤！

自胜是自强

古语云自胜之谓强。曰强制，曰强恕，曰强为善，皆自胜之义也。

出自咸丰八年正月初四的曾国藩家书。在这封信中，曾国藩谈到什么叫强毅以及强毅和刚愎的区别。“强毅”分成强和毅两个意思。强，即自强；毅，即有恒心，有毅力。而刚愎，是一种浮躁之气，只想胜过别人。什么是自强不息？什么是争强好胜？曾国藩已经给出了比词典还完美的阐释。

人生最大的敌人不是别人而是自己，最大的胜利不是制敌而是克己。能够战胜自己的人，必然是自强不息的英雄。曾国藩举例说，在京城的寒冬腊月里早起，对于起床困难户来讲，简直就像挨打一样痛苦，但是即便身体不情愿也要强迫自己早起，这就是自强。曾国藩又举例说，坐镇指挥台的将领，习惯了高高在上、被士兵伺候，而强迫自己与士兵同甘苦，这也是自强。

影视作品中的少林高僧常常手持锡杖，告诫座下弟子，出家人以慈悲为怀，练习武功在于强身健体，磨炼意志，这就是自强。而有些顽劣弟子不听教诲，用武功去欺负人，伤害他人争名夺利，这就是争强好胜了。

小到普通的家庭，大到独立自主的国家，也是同样的道理。一个家庭或者国家韬光养晦，一心一意谋发展，徐图繁荣，这就是自强不息。

精神愈用而愈出，智慧愈苦而愈明

精神愈用而愈出，不可因身体素弱过于保惜；
智慧愈苦而愈明，不可因境遇偶拂遽尔摧沮。

出自咸丰八年四月初九的曾国藩家书。彼时的曾国荃远在吉安带兵，曾国藩在家中时常听闻别人对弟弟的称赞，对此感到很高兴，也希望在吉安声誉极好的弟弟能够治军有道，坚持不懈，善始善终。曾国藩为兄亦如父，他知道吉安的战况不可能一帆风顺，万一出现困难怎么办？要给弟弟打心理上的预防针。他告诉弟弟“能战”“爱民”“和协上下官绅”的治军之道，愿弟弟兢兢业业，尽心努力，补救自己先前的过失，也为九泉之下的父亲增添荣光。他还说，精神这个东西越用越有，不要因为身体向来虚弱而过于爱惜；智慧这个东西越经历苦难越会明白晓畅，不要因为境遇偶尔不顺就突然沮丧。

历史上有东晋名将陶侃搬砖的故事。已是高官的陶侃每天坚持搬砖，早上把砖头搬出屋子，晚上又搬回去，别人觉得他在做无用功，问他：“你为什么这么折腾呢？是不是传说中的吃饱了撑着？”

他说："要是贪图安逸，平时生活太过悠闲，恐怕体能下降，不能胜任大事。"已经位高权重的陶侃不断磨砺自己，锻炼自己吃苦耐劳的能力，体能愈用愈有，精神愈用愈出。后来苏峻之乱爆发，是他担任联军主帅，平息了叛乱。

意志经受磨炼，才能更加坚强；打起精神做事，才能有源源不断的精神力量。长期不使用记忆，大脑记忆力会衰退，人们推崇的记忆训练就是通过不断地锻炼记忆，来激发大脑的记忆潜能。精神也是不断使用，才能越来越被激发出来。高考前的各种模拟考试，其实是为了锻炼和保持考试精神状态，让学生们越考精神状态越好。精神和智慧，都不是经济学意义上的有限资源，而是越用越多，不符合边际产出不断下降的规律。

当今社会，有一些人过分爱惜自己，这不干那不干，没有学到曾国藩"精神愈用愈出，智慧愈苦而愈明"的道理，在悠闲中日渐萎靡，一旦遇上挫折，束手无措，甚至一蹶不振。殊不知，遇到挫折的时候正是运用精神、提升智慧的好时候。此时抓住机会，在苦难中反复磨炼，就有可能让自己在克服挫折后增长智慧，更加强大。

一个玻璃杯被风吹落地，碎了，这是玻璃杯的脆弱性。而大树在经历狂风暴雨之后，其根系在土壤中会抓得更深入更牢固，这就是大树的"反脆弱性"。一颗具有反脆弱性的心灵，会将磨炼和苦难视作难得的机会，愈用愈出，愈苦愈明，不断成长。

凡办大事，半由人力，半由天事

凡办大事，半由人力，半由天事。

出自咸丰十一年四月初三的曾国藩家书。此时正值曾国荃部队围攻安庆城。曾国藩认为，坚守壕垒，稳静不懈怠，这便是尽了人力，但战争是否不因一蚁溃堤，则只能看天事了。曾国藩觉得，曾国荃在尽人力方面颇为尽职，但每次提及擒杀“狗酉”，就有点像是在替天做主了！“狗酉”说的是太平军将领陈玉成，因其双眼下各有一颗痣，远远看上去像有四只眼睛，因此被清军戏称为“四眼狗”。后来随着年龄的增长，阅历的丰富，对成功的理解更为透彻，曾国藩修改了成大事的配方，把人力、天事的比例由五五开变成了三七开。同治二年，曾国藩在家书中还说道：“古来大战争、大事业，人谋仅占十分之三，天意恒居十分之七。”闽南歌曲《爱拼才会赢》中有句歌词“三分天注定，七分靠打拼”，幸亏没被曾国藩听到。

曾国藩提出这个论断的前提是办“大”事。有的小事，行之简单，例如送外卖、送快递这类工作，只要尽人力基本可做好，很少需要靠天事；而大事勾连复杂，在尽人力之后，最终成败还要看天命。普通人做的是小事，运气很重要的道理是不能随便告诉普通人的，以防他们失去做事的积极性。曾国藩也在家书中对曾国荃和曾国葆两位弟弟说，将帅训练士兵时是不能讲运气之理的。“名位大小，万般由命不由人，特父兄之教家，将帅之训士不能如此立言耳。”

高考是人生中的大事。学生考前努力准备，考场上积极应对，细心做好每一道题，这是尽了人力，但能否考上名校还得由天命决定。有的学生一出考场就信誓旦旦地表示“考砸上北大，随缘上清华”，仿佛早已稳坐钓鱼台，这就是代天做主张了。

有句俗语说：“小富靠勤，大富靠命。”一些已经成功的企业家，过于相信人定胜天，盲目扩张，在遇到挫折之后打击很大，心态崩溃，甚至走向破产。何不心胸坦荡一些，用更坦然的心态来面对未知的命运呢？《周易·系辞》里写道：“乐天知命，故不忧。”君子乐于天道的安排，坦然承受命运，便不会忧虑和恐惧。

人满则天概之

斗斛满则人概之，人满则天概之。

出自同治元年五月十五日的曾国藩家书。这里的“斗斛”指古代装谷物的小容器，“概”是量谷物时用来平斗斛的刮板，引申为平抑之意。曾国藩引用管仲的话来告诫骄傲的弟弟曾国荃，斗斛的谷物满上来了，人会来刮平它，人自满了就会有上天来“刮平”他。此时的曾国荃刚拿下重镇安庆城，升官发财自不多说，年初还被提升为浙江按察使，类似于现在的政法委书记兼纪委书记。作为一个没有进士身份的人，能迅速到此地位，心中自然充满傲气。曾国藩不失时机地敲打弟弟，可谓用心良苦。他说，天是无形的，天要来刮平一个人的傲气时，通常是借助他人之手。如三国时期诸葛恪骄傲自满，为东吴孙峻所杀。与其等他人来刮平自己而后悔，不如设法“自概”。

没想到曾国荃这个顽固分子根本不吃这一套，还写信反驳人概天概之说。他认为这是一个势利的天下，是一个弱肉强食的天下。

不得已，曾国藩又写了一封家书，他言辞恳切地说，弱肉强食，自古以来就是如此，古来帝王将相与圣贤都有自强自立的方法。他以前在北京时，也敢和有地位的人作对，可以说颇有“挺然特立不畏强御”的气概，只是最近几年悟得了“天地之道，刚柔互用”“过刚则折”的道理。做事要自强，争名逐利时要谦逊退让；开创家业时要自强，守成享乐时要谦逊退让。总之，用一百多年后的话说，就是高调做事、低调做人！

“人满则天概之”既是管仲所说，又为曾国藩所看重，值得我们深思。中国传统文化中没有“上帝”一说，但在民间有“天”的说法，所谓的皇帝也只是天的儿子。当皇帝昏庸无道，致使民不聊生时，造反的一派往往打着“替天行道”的名号；中国人祭祀的时候，往往在牌位上写着“天地君亲师”，“天”排在第一位。故在中国人心中“天”最大。当一个人踌躇满志，自以为天下第一、战无不胜时，还有什么能让他谦让呢？想必只有天了吧。

一个对天地怀有敬畏之心的人，如果获得成功，大概是不会骄傲自满的。因为他怕上天来刮平他，甚至连本带利都“刮”没了。用现代的科学原理来解释，天是虚无缥缈的事物，是空气。而在古人心中，天圆地方，举头三尺有神灵，在天上是有神仙的。现代人心目中需要有天，这个天就是宇宙。人再伟大，也只是银河系一颗星球上渺小的一员，宇宙中永远有人类大脑无法理解的事物。知识就像一个圆，掌握的知识越多，圆的面积越大，周长越大，接触的未知空间也就越大。就宇宙的终极意义来说，没有人可以自满，就算是整个地球上最牛的人都没有资格骄傲，否则上天迟早要来“刮平”他。

抑然自修，应对诽谤

有才者忿疑谤之无因，而悍然不顾，则谤且日腾；有德者畏疑谤之无因，而抑然自修，则谤亦日熄。

出自同治元年六月二十日的曾国藩家书。有才华的人因对无缘无故的诽谤感到气愤而悍然不顾，流言蜚语就会与日俱增；而贤德的人由于畏惧这些没有根据的流言蜚语，从而调整行为，提高自身修养，诽谤就日渐平息了。

在这封家书中，曾国藩和曾国荃探讨了如何处理诽谤的态度。此前，曾国藩把湖北一些人质疑曾国葆的流言转告给了他，曾国荃认为哥哥不应该这样做。曾国藩在信里说，我知道湖北的人对曾国葆的诽谤是有意为之的，但既然我听到了，就应该一一告诉曾国葆，让他有则改之，无则加勉，怎么可以秘而不宣呢？

面对诽谤，不同人有不同的处理方法。有的人主张面对诽谤应不理不睬，不管不顾，任其自生自灭。如果对诽谤有所回应，则有可能引起更大的外界关注，反而中了诽谤者预先埋下的陷阱。还有的人主张应该及时对诽谤者做出回应，不能让谣言肆意蔓延。曾国藩的意思是否为后者呢？其实曾国藩在家书中并没有明确表示要对流言澄清，但他认为要及时回应，并调整自身的行为，以免引起无端的猜测。那时候可没有互联网，遭受流言袭击不能像现在的上市公司一样，连夜向证券交易所提交公告即可澄清。总的来说，曾国藩也是支持积极而非消极地应对诽谤。

如何应对诽谤或者流言蜚语，其实是项专业活动。曾国藩也只是给出了总体处理原则，细节仍值得我们深思与探究。现在很多大型企业都成立了公关部门，他们的工作内容除了提升企业信誉、美化企业形象，还有很重要的一项就是监督舆情，及时进行危机处理。2018年初，一篇文章刷爆微信朋友圈，该文直指星巴克咖啡致癌。短短几天之内，星巴克迅速做出反应，举报造谣的微信号，积极回应媒体，并邀请医学权威专家和展示全美咖啡行业协会相关公告进行辟谣，成功化解了危机。用行动积极回应谣言，才可能让流言蜚语日渐平息。

气敛局紧

气敛局紧四字，凡用兵处处皆然，不仅此次也。

出自同治元年九月十一日的曾国藩家书。此时曾国荃带领吉字营驻兵南京城下，曾国藩要求弟弟收缩阵地。由于兵力太少，曾国荃既不能围住南京，也不能击破前来援手的太平军，只能先把自身保卫好，让营盘更加紧凑，士气更加内敛。作为一个战争中的防守派，曾国藩认为“气敛局紧”四个字不仅适用于这一场战役，其实处处战役都是如此。曾国荃的确不负大哥所望，修修补补，尽管时常下雨，但还是将营寨扎得坚不可摧，最后以两万兵力抵挡住了李秀成二十万大军的轮番攻击，做到了气敛局紧。

如果向其他方面延伸，气敛局紧是否也适合作为处理事务的一般原则呢？至少在公司内部组织上，这样一种低调、务实、紧张、有序的工作氛围是值得提倡的。不张扬、不松散才能更有效地应对事情的变化。

在企业的产业布局上，多元化、四面开花式的布局会给人发展势头很猛的感觉，但也有可能因此埋下风险的种子，是一种外强中干的假象，这与气敛局紧是相悖的。2018年年底，作为曾经的明星创业公司，“ofo小黄车”再度被推上风口浪尖。该公司排队等候退押金的用户数已突破1000万，并拖欠供应商大量货款，几度被传出已在倒闭边缘的消息，造成这一后果的直接原因就是盲目扩张、冲得过快。

在二级市场上，适度集中资金于少数几只深入研究、非常了解的股票，也是“气敛局紧”的表现。这是一种基于防御的思维方式，而长期精耕细作下来也能取得比四处冒进、“气散局松”更好的效果。

古来成大事者，半是天缘凑泊，半是勉强迁就

天下事焉能尽如人意？古来成大事者，半是天缘凑泊，半是勉强迁就。

出自同治二年九月十七日的曾国藩家书。当时，在前方打仗的曾国荃玩了个小动作，背着老哥招募了十二营的水军。他觉得就算告诉哥哥这件事，曾国藩也是不会同意的，所以干脆自己甩开了膀子干。曾国藩得知此事后心想，既然长江已经肃清，敌军也没有了，为什么弟弟还要招募呢？很有可能是因为弟弟与水师统领彭玉麟、杨载福相处不融洽。阅历丰富的曾国藩就告诉弟弟，怎么可能所有人都会和你相处融洽呢？总会有些不如意的地方。能干成大事，前半段是因缘际会大家凑在一起，后半段就是彼此相互包容、迁就，在一起合作，最后取得成功。这是一位深谙人情世故的长者对弟弟的提点，体现了对社会的深刻认识和博大胸怀。

在之前的家信中，曾国荃就向哥哥抱怨过彭玉麟，看来他们两个人的矛盾还挺深的。其实何止湘军内部有矛盾，太平天国内部更

是矛盾重重。东王杨秀清和天王洪秀全、北王韦昌辉积怨已久，以至于咸丰六年爆发了天京事变，他们自相残杀，场面十分血腥。后来韦昌辉又和翼王石达开、天王洪秀全闹矛盾了，被天王所杀。好不容易消停会儿了，石达开和洪秀全、洪仁玕又暗暗较劲，天王担心石达开成为第二个杨秀清，导致石达开气得带领十万大军“离家出走”。太平天国就这样一步一步没落了。再看看湘军这边，领导人曾国藩教大家如何包容对方，缓解矛盾，而不是一言不合就好勇斗狠或一拍两散、各走各路。

其实任何团队——体制内也好，体制外也好，都不是固若金汤的铁板一块。就像毛主席所说的，我们都是来自五湖四海，为了一个共同的革命目标走到一起来。众多人才相处一室，有着不同的家庭、背景、性格、朋友圈，难免会有一些磕磕碰碰。如果一有矛盾就鸡飞狗跳的，相互之间剑拔弩张，非要拼个你死我活，那还有什么时间与精力投入到业务中呢？作为团队的领导，不进一步激化矛盾，而是巧妙地缓解矛盾，这才是智慧的体现。以和为贵！

有福不可享尽，有势不可使尽

有福不可享尽，有势不可使尽。

出自同治二年十二月十四日的曾国藩家书。在唯一一封给侄儿曾纪瑞的信中，曾国藩提到了这句话。次年六月初四，在给弟弟曾国潢的信中，曾国藩再次提到这句话。此时曾国藩已官至两江总督，负责四省军事，位高权重，想得更多的是守成，把富贵、福气延续到下一代。在该封家书中，曾国藩明确鼓励曾纪瑞，好好努力就能获得功名富贵。他说，将相、圣贤、豪杰并非命中注定的，你有远大的志向和坚定的决心，也可以做到。当然，这话如果对平辈或者外人说，显得有些骄傲了，但对家中后辈说，还是比较妥当的。虽说功名富贵一半靠运气，一半靠人力，但不能对小孩讲这个道理，而是要鼓励小孩立下志向并为之努力奋斗。果然，曾纪瑞没有辜负曾国藩的期望，十几岁就中了秀才。

有些小孩家境好，身在福中不知福，娇生惯养，懒惰挥霍，或者说过早享福。有的小孩由于恰逢机遇，年纪很小便获得了成功，万人瞩目，成为所谓的童星，过早享福，长大后却平平无奇。在古代，有王安石所写的《伤仲永》作为案例，现代也有不少这样的案例。

通常情况下，宇宙给予万物的恩泽是随机的，如同女娲娘娘泼出去一盆水，有的地方湿了，有的地方还是干燥的。作为接受者，一旦我们将这些赐予视作理所当然，目光短浅，随意挥霍，结果自然可想而知。只有珍惜宇宙赐予的恩泽，将其好好储存，细心呵护、培育，才能保其绵绵不断。

凡言兼众长者,皆其一无所长者也

凡言兼众长者，皆其一无所长者也。

出自同治四年七月初三的曾国藩家书。这封家书主要是曾国藩教儿子写作技巧的。曾国藩认为，好文章有四个特点，分别是气势、识度、情韵、趣味。他的儿子问，这四个方面中，若某一个方面很突出，另外三个方面能不能兼容合成一体？曾国藩说，这是万万不可的，韩愈没有阴柔之美，欧阳修没有阳刚之美，他们这些大家都不能够做到合为一体，更何况别人呢？但凡说具备所有长处的人，通常都一无所长。曾国藩还指出，少年时期写文章，重点是气势上要好，最难能可贵的是给人一种蓬勃向上的峥嵘气象。要想把文章做得气象峥嵘，多用对偶句就是方法之一。

在当代企业中，企业生产商品和秀才写文章有些类似。企业生产的产品需要有特点，要针对特定的目标群体。如果想做出一种受到所有人欢迎的产品，那么目标市场的定位是不清晰、不精准的。

格力电器是一家大型的业绩良好的家电公司，在领导人董明珠的带领下，公司这几年都得到很好的发展。可以说，格力空调是空调界的带头大哥。在大家心中，格力空调是最好的也是最值得信赖的空调，董明珠就是“女强人”的代名词。但是这几年，董明珠也有战略上的败绩，比如投资新能源汽车电池公司珠海银隆。当初王健林投资五亿购入珠海银隆，记者问他是否对这个企业做过调查分析，王健林说：“没有，董明珠是我的朋友，我相信她。”然而一个人的长处不是多方面的，某一方面的核心竞争力往往只能是那一方面的，无法轻易体现在别的地方。虽然在新能源汽车上，董明珠的能力和眼光未能得到证实，但在空调界，她还是当之无愧的“一姐”。

尽其在我，听其在天

吾于凡事皆守“尽其在我，听其在天”二语，即养生之道亦然。

出自同治四年九月初一的曾国藩家书。尽人事听天命，不仅仅是做事的态度，而且是一种养生的态度。在养生方面如何尽人事？第一，要懂得节制。身体不好的人，就应该像穷人一样，懂得节约自保。曾国藩对儿子曾纪泽说，节约不仅是指在食、色方面节啬，而且包括读书用心方面不宜太过。第二，要戒恼怒。曾国藩说“养生以少恼怒为本”，经常叫儿子不要将苦大仇深的想法藏在心中，而是要在胸中涵养生机、保持乐观。在曾大人看来，做到多节制、戒恼怒这两点，就对得起自己的身体了。至于寿命的长短，那就听天由命吧，不必过于计较。

随着社会物质的丰富，人民生活水平的提高，一些人对于健康的关注可能远远超过衣食住行等方面。注重养生和健康之道，这是无可厚非的，但是对健康过于关注，甚至有些杞人忧天，则大可不必。听说跑步对身体好，有些人就拼命跑步，结果是伤了腰椎；听说走路有益长寿，有些人就疯狂健走，结果是伤了膝盖；听说吃大豆能防止血管硬化，有些人就一个劲儿地吃大豆，结果是体内嘌呤升高，引起痛风。“很多病都是自己给自己吓出来的”，这句话其实还是蛮有道理的。有位健康专家说过，他不鼓励自己年迈的父亲去医院做体检，因为凡是老年人去医院体检，十有八九会查出些不正常的指标。而大多数老年人在得知自己的身体有问题后，会变得六神无主、忧心忡忡，成日沉溺在自己夸张的想象中，反而活生生地吓垮了自己的身体。唯物主义哲学认为，物质决定意识，意识反作用于物质。在身体健康的问题上，意识的反作用力是非常强大的。2013年，谷歌全球前副总裁、创新工场的创始人李开复对外宣布自己患了淋巴癌。然而，他及时治疗的同时，始终以乐观的态度对待此事。2015年6月，他的晚期淋巴癌肿瘤竟然奇迹般地消失了，身体完全康复。李开复还特意在微博上分享他的抗癌心得，包括充足睡眠、适当运动、均衡饮食、保持幽默感等。你看，他的抗癌心得其实并没有什么特殊之处，主要还是保持了一份好心态。

电的发明不仅极大地方便了社会生活，也扰乱了数千年以来人们“日出而作，日落而息”的生物钟。多节制，少恼怒，这两点是古代的养生秘诀，对现代人来说恐怕已经不够了，还要再添上一句“少熬夜”。做到这三点，也算对得起自己了，其他的，就听天由命吧！

当盛时预作衰时之想

老亲旧眷、贫贱族党不可怠慢，待贫者亦与富者一般，当盛时预作衰时之想，自有深固之基矣。

出自同治五年六月初五的曾国藩家书。曾国藩虽然位高权重，却是一位极为顾家念旧的人。在这封信中，曾国藩对曾国潢说，凡是家道长久的家族，倚仗的不是一时的官爵，而是良好的家规；倚仗的不是一两个人的骤然发迹，而是众多家庭成员的维持。虽然门庭兴盛，但对待老旧亲戚和贫穷的族人，不可以怠慢，要用平常心对待，对贫者和富者也应该一视同仁。在兴盛时预计衰弱时该怎么办，这样家族的根基自然就牢固了。总的来说，曾国藩想给家族注入凡事一颗平常心的基因。在曾国藩这样的家风熏陶下，曾氏家族发展至今两百余年，绵延至第八代孙，共出有名望的人才两百余人，鲜有纨绔子弟。

人们往往过于看重当下的物质条件，常用最近的情况推及将来，殊不知天道有轮回，富贵贫贱总是不断变化的，而且变化是主基调，因此没有永恒不变的富贵。“旧时王谢堂前燕，飞入寻常百姓家。”天道轮回，不为尧存，不为桀亡。张三不在了，天道还在；李四不在了，天道还在；任何人不在了，天道都还在继续运作。最大的天道是变化，从老祖宗留下的《周易》的名字就可窥得一二，所谓“易”就是变易、变化。得到任何人的肯定，不如得到天道的肯定；得到任何人的帮助，不如得到天道的帮助。

如何应对世事变化，让家族更强盛、更持久呢？有句老话说得好：“富贵定要安本分，贫穷不必枉思量。”意思是富贵的人要抱着平常心安守本分；贫穷的人不要枉费心机，千方百计地打歪主意。也不要把自己当下的富贵太当回事，不要把别人当下的贫贱太不当回事，而是要以一颗不变的平常心去看待身边的一切贫富贵贱。正如北宋名臣吕蒙正诗中所云：“人生在世，富贵不可尽用，贫贱不可自欺，听由天地循环，周而复始焉。”

有所贪有所利而成者居其半，有所激有所逼而成者居其半

天下事无所为而成者极少，有所贪有所利而成者居其半，有所激有所逼而成者居其半。

出自同治五年六月十六日的曾国藩家书。曾国藩的故乡湖南湘乡县（今湘乡市）要修订县志，乡里人希望曾国藩的儿子能参与修订工作，写上几篇文章。老爹就对儿子说："你学业上还没有什么成就，按道理是不适合给县志撰稿的，但你也不能完全推辞，毕竟这是县里的公事，另外你也可以趁此机会，'逼'出几篇文章来。"然后曾国藩又抖出句经典台词，大意是世界上不抱任何目的而成功的人极少，贪图某种利益而成功的人占一半，被外界刺激逼迫而成功的人又占一半。这的确是曾老爷子一辈子的肺腑之言。早年间他为了光宗耀祖，积极参加科举考试。大多数人考了三四次不中就放弃了（比如洪秀全），而曾国藩硬是坚持了七次直到考中秀才，这不就是"有所贪有所利而成"吗？后来，曾国藩创办湘军也不是出于兴

趣爱好。他出师不利，被太平军击败，在湖南官场被嘲笑，但曾国藩发奋图强，打脱牙和血吞，最终成功平定天下，这不就是“有所激有所逼而成”吗?

人类是一种复杂的动物，贪婪的同时夹杂着一些高尚。经济学上假定人都是自利的理性人，对大多数人而言，在大多数情况下，这都是成立的。有时候客观上不理性，不代表主观上不理性。比如买股票，每个投资者主观上都是想获利的，出发点是理性的，只是客观结果有赚有赔，不一定理性。即便是像曾国藩这样的一代完人，也时不时在某些场合流露出自私的品性。捍卫孔孟之道，捍卫礼教，这的确是曾国藩平定太平军的出发点，但不是唯一的出发点。咸丰七八年间，曾国藩在家守父孝。此时湘军的军事进展十分顺利，曾国藩以为战争能马上结束，还为无法施展才华而郁闷，经常心情不好，对家里人发脾气——“老天呀，给个机会，我还想名留青史呢！”

面对复杂的事情，人类的动机往往也是复杂的。马云说，创立阿里巴巴的目的是让天下没有难做的生意。这固然是其创办企业的目的之一，也是高尚的目标，这并非假话。高中时代的马云是妥妥的“学渣”，参加了两次高考都没考上大学，而且数学成绩第一次1分，第二次19分，成了人们的笑柄。一位复读过两次才考上大学的“大龄”学生，一位相貌普通的英语老师，为了不被周围人鄙视，努力证明自己的能力，想要出人头地。与让天下没有难做的生意的崇高理想相比，这个动机可能更加强大！相比之下，曾国藩是个实在人，他坦承了这些看似庸俗的人性力量在成功道路上的作用。人性并不可怕，只要在正确的方向上，顺着人性而为，必能唤醒体内的全部力量。

晓得下塘，须要晓得上岸

星冈公教人常言："晓得下塘，须要晓得上岸。"

出自同治五年八月二十四日的曾国藩家书。晚年的曾国藩考虑更多的是如何全身而退、明哲保身。在这封家书中，他引用星冈公的话，对弟弟明确表达了希望功成身退的想法。星冈公是曾国藩的爷爷，也是他心中最帅气、最有智慧的长辈。星冈公年轻时靠着自己的努力挣下一份家业，成了湖南湘乡县（今湘乡市）的一名小地主，但他仍然时不时地亲自种田耕地。星冈公还很喜欢养鱼，他所谓的"下塘"，大概是说下池塘捕鱼。下池塘捕鱼，捕到了鱼当然要重回岸上。"下塘"之后"上岸"，就是指功成身退，见好就收。细细翻看历史，曾国藩是为数不多的功高震主还能全身而退的人。曾国藩是怎么做到的呢？其中一个原因便是他怀有敬畏之心。他敬畏天地，敬畏孔孟之道，也敬畏他的爷爷星冈公。一个没有敬畏之心的人，一旦成功，往往容易盲目自信。"飞鸟尽，良弓藏，狡兔死，走狗烹。"中国古代很多这样的悲剧就发生在那些缺乏敬畏之心的大功臣、大权臣身上。曾国藩虽然贵为湘军领袖，手中却无对士兵的直接指挥权。有些曾经的部下如左宗棠、沈葆桢，就和他公开唱反调。就连被曾国藩视为嫡传弟子的李鸿章，其淮军也不能完全被曾大帅控制。在这样的情况下，曾国藩若是对朝廷表现出狂傲自大的态度，是很容易吃苦头的。好在曾国藩审时度势，计划着“上岸”，这是比较及时和明智的。

在二级市场投资中，股市过热时能及时审时度势、抽身而退是非常关键的。几乎所有的投资者在股市上都有过成功的经历，但是大多数投资者总体在股市上是亏损的，其中一个很大的原因是未在股市过热时及时抛出股票，见好就收。相反，有相当一部分投资者看到牛市就红了眼，在赚钱效应的刺激下，跑步进入过热的股市。10块买入的股票涨到15块，觉得还有上涨的空间，不卖。眼睁睁地看着股票下跌到12块，心想，15块的时候都没卖，12块就卖了那不是傻嘛，继续不卖。随后股票又跌到了10块，心想，10块卖了没钱赚，再等它涨，有赚了就卖，于是还是没有卖。股价继续下跌，跌至七八块时，心里琢磨，赚钱的时候都没卖，亏了怎么能卖呢？依然没有卖。就这样在股市的沼泽中越陷越深。这其中最大的问题就是没有在股市过热时落袋为安。

明哲保身、功成身退本就是一个大智慧，很多王侯将相都没有做到，恐怕也无法苛求普通的投资者做到吧！

天道忌巧，天道忌盈，天道忌贰

吾尝言“天道忌巧，天道忌盈，天道忌贰”，若甫在飨用之际，而遽萌前却之见，是贰也。

出自同治五年十一月初七的曾国藩家书。曾国藩先前在日记中提过这“三忌”，这次又在家信中特地嘱咐弟弟“三忌”，重点是在“天道忌贰”，希望弟弟不要三心二意。既然圣意正隆，皇恩浩荡，那么弟弟就该好好努力为朝廷效力，不要总想着退隐山林。所谓的“贰”，其实就是不专心、不专一。“忌贰”就是忌讳三心二意，要保持专一。曾国藩还有句名言叫“当时不杂”，说的也是要保持专一的意思。曾国藩这一生将忠诚专一深深地刻进了骨子里，所以作为大清臣子的他完全不会去干推翻大清王朝的事。

为什么曾国藩要重点强调“天道忌贰”呢？因为对事业不专一的人通常不能集中精力于一项工作，难以取得成就。对人不专一的人，比如忘恩负义者、两面三刀者，会被他人憎恨。曾国藩将专一拔高到天道的高度，体现了他的拙诚，也体现了他对人情世故的洞察。生意人聚在一块，通常讨论最多的话题就是有什么好的投资项目。他们就像精明的猎人一样，怀揣着资金，到处寻找着猎物。有些人找到好项目成功了，有些人找到自以为好的项目却失败了。其实大多数成功的商人，在相当长的时间内都是专注于一类业务的。比尔·盖茨专注于软件，巴菲特专注于股权，他们都不是三心二意的人。

有一天，某位青年晕倒在天桥底下。过了一会儿他苏醒过来，发现竟然没有人注意到他。他想，如果他死了，第二天卖烧饼的还继续卖烧饼，卖豆浆的仍然卖着豆浆，整个世界好像什么事都没发生过一样。想着想着，他的内心受到了强烈的刺激，决心给世界留下点什么。于是他不断努力，最终成为一名成功企业家。没错，在这个世界上，任何人离开了，世界还是会按照原本的规律运转。五百年前，五百年后，你我都不在，而天道都在那里。每个人的生命都是有限的，迟早会从世界上消失，遵循“天道”努力奋斗，专注于一件事情，也许会留下点什么。

从波平浪静处安身

此后总从波平浪静处安身，莫从掀天揭地处着想。

出自同治六年正月二十二日的曾国藩家书。彼时曾国荃的人生境界有所提高，上封来信中和曾国藩谈论“即色即空”“旋生旋灭”等佛教和易经方面的道理，还特意请教哥哥自己到底是进步还是退步了。曾国藩当然很乐意与他探讨，说他现在功成名就了，以后还是要以稳为主，于波平浪静处安稳过日子，不要总想着干一番翻天覆地的伟业。

从经济学的角度解读曾国藩的话，意思就是处于不同发展阶段的人，其风险偏好是不一样的，功成名就的人通常风险偏好要低一些。如果一个人是个穷光蛋，他对风险就没有太大感觉，因为他一无所有，没有什么可以失去的，而一旦成功，他便可以获得很多，所以他敢于也甘于冒险。冒险成功的人如果连续冒险还能成功，有可能成为级别较大的企业家，甚至其公司有可能达到千亿市值的程度。若是到了这个级别，企业家仍然比较激进，使用大量的银行借款，以高比例的股权质押进行规模扩张，则可能带来新的风险。如果他不仅在事业上通过高杠杆冒风险，在生活中也时不时地冒风险，甚至藐视法律，挑战道德底线，那么就有可能面临更大的风险。

各位投资大师们，看看自己所投资的公司有没有这样激进型的大老板。如果有，一定要谨慎再谨慎。还是曾国藩的投资建议好：“从波平浪静处安身，莫从掀天揭地处着想。”

物来顺应，未来不迎，当时不杂，既过不恋

灵明无著，物来顺应，未来不迎，当时不杂，既过不恋，是之谓虚而已矣，是之谓诚而已矣。

出自道光二十二年十一月十五日的曾国藩日记。这一天，曾国藩出去会见了几个朋友，在车中（马车、驴车并不清楚）看《易经》六十四卦的中孚卦之后，有感而发。其实三天前，曾国藩就看过中孚卦了，只是没有心得。这天再看，终于有所感悟，于是写下了这几句著名的读后感。

先说这几句话的意思："灵明"就是心灵，心灵不能有私欲蒙蔽，即"不著私物"。外物来了，就顺应。未来还没有到来，就不要过分焦虑地去盼望、迎接。当下做事，要心无杂念，要专心。"当读书则读书"，别想着会客，"当见客则见客"，别想着读书。事情过去了，就不要留恋。这就可以称为"虚"，这就可以称为"诚"。

前面大部分的意思好理解，为什么后面要说这就可以称为"虚"和"诚"呢？因为这一天他刚刚看了中孚卦，而中孚卦给的

策略建议就是“虚”和“诚”。

《易经》是一本有关占卜的书籍，有一种说法认为它是由周文王姬昌主编的。古人在面对未来时不知道该怎么办，就通过一套比抽签更复杂的程序，得到一个卦象，根据《易经》对这个卦象的解说和建议，从而决定自己的行为。每一个卦象对应着一种自然现象，也对应着人世间的一种状态。相传伏羲把人世间的状态归结为八种主要类型，也就是八卦。后来周文王觉得人世间的状态很复杂，八种不足以概括，于是在商纣王的大牢里，闲着没事就将这八种卦进行排列组合，得到六十四种卦象。六十四种就够多了，大概可以将一个人能遇到的各种情况归纳到位了。剔除最前面的复杂抽签程序，《易经》其实分成两部分：第一是卦象和解释，第二就是策略和建议。这就好像券商的策略报告，第一部分先解释一下现在的资本市场处在什么阶段，具有什么特点，还画一下K线图；第二部分通常就是讲投资策略，应该买入还是卖出，该怎么做。《易经》也是一份券商策略报告，只是作者不知道占卜者所面临的形势，就让占卜者抽签决定。反正周文王归纳总结了人世间的六十四种情况，占卜者可以对号入座，每种情况他都有建议，也就是卦辞和爻辞。复杂的抽签是古人的无奈之举，而后面的归纳总结以及策略建议却非常精炼，具有智慧，所以《易经》被称为各种经书之鼻祖。

这一天曾国藩读到的中孚卦，其卦象上面是风，下面是泽。

风吹在沼泽地上，这就是一个自然界的画面，用来比喻人世间的状态。什么状态呢？这就要靠人的形象思维了。沼泽地没有大浪，但是容易搁浅，如何坐船穿越沼泽地呢？《易经》的卦辞给出了建议——船的中间要虚一点，不能放太多东西，太沉了不就搁浅了吗？另外还要依赖沼泽地的小动物的帮助，比如鱼，比如小猪，用诚心去感化它们，“信及豚鱼也”，当你搁浅的时候小鱼可以来帮你推动。别惊讶，古人觉得天地间有鬼神，动物也是有灵性的。这样去做，最终就会成功，“利涉大川”。《易经》的卦象也给出暗示，卦象的中间是两根虚线，上下都是两根实线，就是暗示中间要虚弱。“孚”的意思是使人信服。如果你还有杂念，在船上放很多杂物，就很容易搁浅，那些小鱼知道了也不会来帮你。你要腾空杂物，让船内部空虚，并以诚对待那些小动物，感化它们，小动物才会来帮你。这就是《易经》的策略建议：虚心、诚心！

所以曾国藩才说，内心要虚，不能有杂念，“思人必中虚，不著一物而后能真实无妄”。他又说，至虚就是至诚，“是故天下之至虚，天下之至诚者也”。曾国藩在日记中还举例说明，心中知道要“好德”，而私欲却“好色”，只有去掉“好色”的私欲，才能不欺骗“好德”的良知。“良知”是我的解释，曾国藩的原话是“好德之知”。去掉内心的诸多私欲蒙蔽，不要计较一些细枝末节的得失，才能让自己的心灵通透，可以物来顺应，未来不迎，当时不杂，既过不恋。王阳明心学所讲的不也是这个道理吗？两者只是侧重点不同而已，其实并无根本性的区别。

大千世界，变化万千。面对利益得失，少一些计较，少一些小聪明，少一些私心杂念，以虚心去接纳外物，以诚心去感化别人，让心更静。

天下事未有不自艰苦得来而可久可大者也

渠言“朱子之学得之艰苦，所以为百世之师”二语，深有感于余心，天下事未有不自艰苦得来而可久可大者也。

出自咸丰十年八月初六的曾国藩日记。这一天，两江总督曾国藩收到了夏弢甫（某县教育局局长）的来信。这个夏局长明明知道曾国藩军务繁忙，还写信跟他探讨学问，真是够执着的。夏弢甫说朱熹的学问是从艰苦中得来的，所以流传千古，朱熹也因此被誉为百世之师。军务繁忙的曾国藩提笔给他回了封信说，是啊，天下事从艰苦奋斗中得来才可能长久而伟大。

其实夏弢甫的话是有针对性的。朱熹认为“读书之法，莫过于循序而致精”，要脚踏实地，循序渐进，“今日格一物，明日格一物”，“息息格物”，依靠铢积寸累直至有所贯通。而与朱熹同时代的陆九渊先生嫌朱老夫子的方法太过烦琐，认为做学问应该直指内心，从心出发，只要去掉了人欲，剩下的自然就是天理了。陆九渊认为，虽然自己的方法比较简单、容易操作，但是终将做得长久而伟大，“简易工夫终久大，支离事业竟浮沉”。据说陆九渊的这句诗杀伤力很大。当两位哲学家在鹅湖争辩的时候，陆九渊一抛出这句诗，朱熹立马脸色大变，辩论会不得不中场休息。

夏弢甫给曾国藩写信，是探讨朱熹和陆九渊的学术争论，也是为朱熹抱不平。曾国藩作为理学家，也认同夏的看法。

从个人修身的角度来讲，陆九渊直指内心的方法是有道理的。所谓修身，修的是内心，当然要从内心出发，读书也是为内心的充盈而服务。从做事的角度来看，比如说争战，比如说为官，比如说著书立说，陆九渊的方法却是用不上的，还是得靠朱熹的方法，一点点地去积累，一步步地向前推进。所以其实朱熹和陆九渊之间，也就是程朱理学和陆王心学之间，都没有必要争论，毕竟各自的适用范围不同。就修身而言，陆王心学要比程朱理学技高一筹；就做事来说，程朱理学要比陆王心学高一个段位。中国古代知识分子的学术讨论，最大的问题是语言不清晰，讨论了半天都不在讨论同一个事，却总是野心太大，希望自己的学说能涵盖一切，成为一以贯之的顶级大学问，这样就产生矛盾了。

对那些想成就事功的人来说，学习程朱理学中的做事方法是有必要的。学习程朱理学中循序渐进、铢积寸累的精神，肯下笨功夫，不贪求捷径，艰苦奋斗，把事业扎扎实实地往前推进，才可能让事业久大。这样做了，事业不一定百分百久大，但是不这样做，事业则一定不会久大。

吾以不得第动心为耻

明年春，会试下第，缙绅知者咸来慰谕。宰相李西涯戏曰：“汝今岁不第，来科必为状元，试作来科状元赋。”先生悬笔立就。诸老惊曰：“天才！天才！”退有忌者曰：“此子取上第，目中无我辈矣。”及丙辰会试，果为忌者所抑。同舍有以不第为耻者，先生慰之曰：“世以不得第为耻，吾以不得第动心为耻。”识者服之。

出自王阳明嫡传弟子钱德洪编纂的《王阳明年谱》。王阳明出身于浙江余姚一个显赫的家庭，父亲王华是成化十七年（1481年）的状元，官至南京吏部尚书。二十二岁时的大好青年王阳明没考中进士，一些官员急忙赶来安慰他。内阁首辅李东阳开玩笑说，你今年没中，下次必定能考个状元回来，不如写篇状元水平的文章让大家瞧瞧。于是王阳明“唰唰唰”大笔一挥，三下五除二就写好了一篇文章，在场的人眼睛都瞪大了，都惊叹王阳明是个天才。嫉妒他的人就开始议论说，这个年轻人看着就有几分恃才傲物，下次他要是考中了，必然是目中无人。结果，王阳明在二十五岁时参加会试又没考中。学舍里有些落榜考生正在捶胸顿足、长吁短叹，懊恼得不行。同样是落榜考生的王阳明却来安慰他们：“兄弟，这都不算事啊，世人都以考试不中为耻，我却以考试不中而动心为耻。”听到此言的人都很佩服王阳明的胸襟气度。的确如此，王阳明考试失败后还能兴致勃勃地办诗社，登龙山对弈联诗呢！

沉着、冷静、不动心是王阳明个性的最大特征，他的学生们都希望能够学到老师“不动心”的本事。学生陆澄感觉自己安静时的修养状态还不错，但一遇到事就又不行了。王阳明剖析说，这是他只知道静心修养，但没有在克制自己上下功夫的缘故。光坐在那里空想肯定是不会慌乱的，但如此一来，一遇到事情就难以站稳脚步。王阳明还告诉他，“人须在事上磨，方立得住，方能‘静亦定，动亦定’”。这就是说人必须在事情上自我磨炼，才能站得稳，才能做到无论是静养还是做事，都能保持内心的安定。

那如何培养定力呢？不是特意挑一个山清水秀、环境优美的地方修禅打坐，而是要在不同的环境中加以锻炼。“结庐在人境，而无车马喧。”环境可以吵闹，而心却要静。被朋友表扬、和老公/老婆吵架、被医生告知自己生病等情况发生了，都是修炼自己定力的机会。不断地在各种情况下磨炼，得到的“不动心”境界才是比较牢靠的。也许没有任何人能够真正做到“不动心”，只能如渐近线一般无限接近。

种德者必养其心

种树者必培其根，种德者必养其心。欲树之长，必于始生时删其繁枝；欲德之盛，必于始学时去夫外好。如外好诗文，则精神日渐漏泄在诗文上去。凡百外好皆然。

出自《传习录·上》。这句话的意思是，培养德性就像种树，开始的时候就应该删繁就简，将注意力集中在内心之根本。养心才是根本，比如写诗这种业余爱好，就不是重点。

现代人注重养颜，吃点什么，涂抹点什么，都是想让自己更加年轻漂亮。而王阳明先生注重养心，可以说是中国历史上最伟大的“养心专业户”。从根本上讲，王阳明的理论颠倒了“格物”和“致知”的顺序，将“致知”放在“格物”之前，违背了《大学》的原义，但是其对“养心”的强调则有积极意义。这种养心理论，对中小学生来说基本没什么价值，因为他们还没有足够的知识和经验储备，重点是从外界学习知识，但是对成年人而言却意义重大。

随着知识和经验储备的增加，成年人不再依赖父母、老师的意见，而是具备了独立性和主观能动性。但是成年人习惯了少年时期向外界求索知识的方式，便往往容易忽视养心。这个时候，关照内心的道德品质是否完善很重要，甚至比外界的财富、权力、名誉的成败更加重要。孟子说自己善于养浩然之气，而王阳明善于养心，其实两者有相似之处。清代还有个宫殿就叫“养心殿”呢。

曾国藩年轻的时候特别爱写诗文，也写得非常好。后来在北京拜见大儒学家唐鉴时，唐鉴告诉他义理之学才是核心，诗文只是细枝末节的事，不需要太专注，曾国藩恍然大悟。尽管唐鉴所说的义理之学和王阳明所说的心学不一样，但是两者说的都是修身养性的学问。比如理学讲究“主敬则身强”“求仁则人悦”，与阳明心学的“养其心”是一个目的。

人们在做事情的时候容易忘记初心。比如两个朋友在某时兴致很高，相约一起打牌、下棋，却在玩的过程中发生了口角，搞得不开心了。这就是忘记了初心而太注重外在的东西，忽视了自己心里想要的究竟是什么。王阳明的一个学生薛侃在花间锄草，太累了，在那里唉声叹气，就被王阳明教育了一番。花和草本来没有好坏善恶之分，只是人心要欣赏花，于是花就成了好的、善的、美的，而草就成了坏的、恶的、丑的。偶尔有些草没锄尽，又何妨呢？把心搞累了，就违背欣赏花的初心了。最后，王阳明还意味深长地说，大哲学家周敦颐让窗外的草尽情生长，为什么不除掉呢？因为周敦颐觉得一草一木都是天地宇宙的组成部分，和人是一样的，所以他没觉得草是坏的、恶的、丑的。

人们追求财富，大多数的目的是为了家庭幸福、身心愉悦，这是天经地义的。但在追求财富的过程中，只注重财富的本身，只关心获得财富的技巧，尔虞我诈，钩心斗角，到头来搞得身心俱疲，这就是忘记了初心。

不忘初心，这仅仅是王阳明心学的应用之一。总而言之，心学的确打开了成年人的一个新世界。

此心不动

德洪昔在师门，或问："用兵有术否？"夫子曰："用兵何术，但学问纯笃，养得此心不动，乃术尔。凡人智能相去不甚远，胜负之决不待卜诸临阵，只在此心动与不动之间。"

出自王阳明的弟子钱德洪所著的《征宸濠反间遗事》。有一次，弟子钱德洪好奇地问老师在打仗用兵时是否有诀窍。王阳明答道，没有什么诀窍，无非是学问做得扎实，养了一颗不动之心而已。大家的智商都差不多，打仗胜负的关键不在于排兵布阵，而在于心理素质。王阳明还给弟子举了个例子。当年与宁王在鄱阳湖交战，敌寇蜂拥而至，旌旗蔽日，王阳明的先头部队抵挡不住纷纷后退。此时一股南风刮起，王阳明命令某将领用火攻反击，可是那将领却傻愣愣地站在那里，一动不动。王阳明喊了好几次，他都没反应，好像"陶醉"在枪林弹雨的"美景"中。王阳明感慨，那将领平时也是有名有姓的人才，可一上战场就慌了神，聪明才智哪里还发挥得出来呢？

恐惧抓住了人的心灵之后，接下来就是将人的智商迅速降为零，平时的聪明才智消失得无影无踪。在军事战场上如此，在武术竞技场上也是如此。曾经的功夫之王李小龙这样谈他对“不动心”的理解：“‘不动’，意思是不要对所见到的事物分心，不要停止思考。”按照李小龙的理解，“不动心”其实一直在思考，一直在对外界的物体做出反应，而不是被外界的物体所吸引、所捕获。世事万物像河水一样不断流动，而心就像月亮一样映在千万条河流当中，没有被其中任何一条河流捕获。在王阳明的案例中，那位平时聪明睿智的将领被先头部队挫败的场景吸引，却对上级指挥官的指示充耳不闻，因为彼时他的心停止了思考。李小龙这样评价自己所创立的截拳道：“它是宁静灵魂之艺术，宁静得如同月光洒在深邃的湖泊上。”

李小龙所描述的画面安静而灵动，人的心灵同样要安静而灵动，无论在什么场合下都不停止思考，不停滞于任何一处外物。所谓的“不动心”，是指不对任何外物过分沉迷。这种“不动心”的状态，是王阳明在军事战场上成功的秘诀，是李小龙在武术搏击场上成功的法宝，同样也是现代人在事业上应对变化的最佳状态。

此心忙惯了，所以收摄不住

今人于吃饭时，虽无一事在前，其心常役役不宁，只缘此心忙惯了，所以收摄不住。

出自《传习录·下》。王阳明说，现在有的人在吃饭的时候，即使没事，心里也是不安定的，总想找点事，只是因为平时心中忙碌惯了，所以收不住心。

这句几百年前的话放在今天来看，同样适用。忙碌有被动的忙碌和主动的忙碌之分。被动的忙碌把人心硬是拉扯到外在的事物上去，这种忙碌就是“身在曹营心在汉”，心处在前不着村、后不着店的境地，没有定下来。《大学》里说：“知止而后能定，定而后能静，静而后能安，安而后能虑，虑而后能得。”一颗在觥筹交错中飘忽不定的心应该定于哪里呢？定于理想，定于良知上。

何处安放你的心？针对一些大忙人，王阳明还给出了一个具体的小建议——弹弹琴，看看书，给心一些寄托。“琴瑟简编，学者不可无；盖有业以居之，心就不放。”不管忙或不忙，心都在那里，澄明的，通透的，就像寺庙的钟一样镇定。没有撞击的时候，知道它积蓄着力量，可以惊天动地；敲响的时候，也不因发出惊天动地的响声而有所改变，只是原本就在天地间寂寞地伫立着。“未扣时原是惊天动地，即扣时也只是寂天寞地。”

谦者众善之基

人生大病，只是一傲字。为子而傲必不孝，为臣而傲必不忠，为父而傲必不慈，为友而傲必不信。故象与丹朱俱不肖，亦只一傲字，便结果了此生。诸君常要体此。人心本是天然之理，精精明明，无纤介染着，只是一无我而已。胸中切不可有，有即傲也。古先圣人许多好处，也只是无我而已，无我自能谦。谦者众善之基，傲者众恶之魁。

出自《传习录·下》。王阳明说，人生最大的毛病，就是一个“傲”字。作为子女而傲慢，必然不孝顺；作为臣子而傲慢，必然不忠诚；作为父亲而傲慢，必然不慈爱；作为朋友而傲慢，必然不诚信。因此，象和丹朱这两个人都没出息，也是因为一个“傲”字。人心本来就是天然的道理，精明澄澈，没有任何污染，只是一个无“我”而已。心胸中一定不能有“我”，有就是傲慢了。古代很多圣人有许多的优点，无非是无“我”而已，无“我”自然就谦虚了。谦虚是各种善的根基，傲慢是各种恶的祸首。

人不可傲慢，这是一个浅显易懂的道理。曾国藩也说，古今天下才华横溢的人之所以失败，大都是因为一个“傲”字。在龟兔赛跑的寓言中，明明兔子跑得快，乌龟跑得慢，兔子却因为傲慢丢掉了胜利。探索人傲慢的根源，王阳明说是因为心中有“我”，通俗地讲，就是太把自己当回事了。社会是一个巨型机器，每个人作为一个零件都有自己特定的位置，人一旦太把自己当回事，就容易轻看了别人，抬高了自己，然后飘飘然不完成自己的分内工作，还对他人指手画脚，最终影响社会机器的正常运作。

傲慢，究其根本，就是人心中有“我”，急于展示自己的私欲。

那么人要如何才能做到谦谨不傲慢呢？王阳明也给出了答案。他说，省察克治的功夫是不能间断的，就像铲除盗贼一般，一定要有彻底根除的决心。“省察克治之功则无时而可间，如去盗贼，须有个扫除廓清之意。”扫除心底急于展示自己的私欲，时刻进行自我省察，保持心中无“我”之态，就自然谦虚了。

后 记

中国古代历史上有“两个半圣人”，一个是孔子，一个是王阳明，半个就是曾国藩。为什么我要把王阳明和曾国藩放在一块儿呢？因为这两个人有共同的特点，就是他们都做过官，他们都打过仗，他们既是文人又是军事家。

曾国藩和王阳明都是人们口中非常了不起的完人、圣人，“立德、立功、立言三不朽”。然而这两个人又有缺点，曾国藩的缺点是心理素质不过硬，打仗打输了，有时候忍不住会“跳水”，是晚清著名的“跳水运动员”。王阳明也有他的缺点，就是人际关系处理得不够妥洽，经常遭到朝中其他大员的排挤。

然而，曾国藩的缺点恰恰是王阳明的优点，王阳明的缺点恰恰又是曾国藩的优点。如果把他们的优点都集中体现在一本书上，那就是“完人中的完人”了。

于是我就从他们的著作中精选了108段话，以现代管理和投资的角度加以阐述，集合成书，以供当代人思考、学习和效仿。可以说，这样一本书集中了两位先哲的思想精华，也集中了中华民族传统文化的优良基因。

我们中华民族传统文化的精华是什么？我们的传统文化主要关注人与人之间的关系，以及个人如何调整自身的心态。一部《论语》讲的是如何与人为善，一部《资治通鉴》讲的是如何与人斗争，一部王阳明的《传习录》讲的是如何修身养性，一部《曾国藩全集》讲的是如何修身齐家治国平天下。想了解中华民族的传统文化，去看先秦时期的典籍，当然是好的。但是越久远的典籍越容易有纰漏，越久远的故事越有虚构的成分。而曾国藩和王阳明是离我们比较近的人物，尤其是曾国藩，距离我们才一百多年。所以研究中华民族传统文化的精华，从这两个人物入手就很不错了。

这本《拙诚之道》是一次探索，是对王阳明和曾国藩的精神世界的探索，是对传统文化在当代投资和管理应用的探索。希望我的探索能够抛砖引玉，引来更多同修同道的努力，引来更多的好成果。

庞剑锋

图书在版编目（CIP）数据

拙诚之道：中国传统文化智慧点滴 / 庞剑锋著 . -- 北京：西苑出版社，2019.11
ISBN 978-7-5151-0731-8

Ⅰ . ①拙… Ⅱ . ①庞… Ⅲ . ①人生哲学－通俗读物
Ⅳ . ① B821-49

中国版本图书馆 CIP 数据核字 (2019) 第 222677 号

拙诚之道：中国传统文化智慧点滴
ZHUO CHENG ZHI DAO:ZHONGGUO CHUANTONG WENHUA ZHIHUI DIANDI

出版发行 西苑出版社
通讯地址 北京市朝阳区和平街 11 区 37 号楼 邮政编码：100013
电　　话 010-88636419 E-mail：xiyuanpub@163.com
印　　刷 北京盛通印刷股份有限公司
经　　销 全国新华书店
开　　本 787 毫米 × 1092 毫米 1/16
字　　数 150 千字
印　　张 17
版　　次 2019 年 12 月第 1 版
印　　次 2019 年 12 月第 1 次印刷
书　　号 ISBN 978-7-5151-0731-8
定　　价 59.80 元